哈佛

凌晨四点半

高中实践版 哈佛大学送给高中生的最好礼物

韦秀英 编著

时代出版传媒股份有限公司
北京时代华文书局

图书在版编目（CIP）数据

哈佛凌晨四点半·高中实践版 / 韦秀英编著 . -- 北京：北京时代华文书局 , 2014.7
ISBN 978-7-80769-706-0

Ⅰ . ①哈… Ⅱ . ①韦… Ⅲ . ①成功心理－青少年读物 Ⅳ . ① B848.4-49

中国版本图书馆 CIP 数据核字 (2014) 第 139226 号

哈佛凌晨四点半·高中实践版

编　　著 ｜ 韦秀英

出 版 人 ｜ 田海明　朱智润
选题策划 ｜ 胡俊生
责任编辑 ｜ 胡俊生　李　荡
装帧设计 ｜ 程　慧　赵芝英
责任印制 ｜ 刘　银
营销推广 ｜ 赵秀彦

出版发行 ｜ 时代出版传媒股份有限公司 http://www.press-mart.com
　　　　　北京时代华文书局 http://www.bjsdsj.com.cn
　　　　　北京市东城区安定门外大街 136 号皇城国际大厦 A 座 8 楼
　　　　　邮编：100011　电话：010 - 64267120　64267397
印　　刷 ｜ 北京中科印刷有限公司　69590320
　　　　　（如发现印装质量问题，请与印刷厂联系调换）
开　　本 ｜ 710mm×1000mm　　1/16
印　　张 ｜ 16
字　　数 ｜ 250 千字
版　　次 ｜ 2014 年 8 月第 1 版　　2017 年 7 月第 18 次印刷
书　　号 ｜ ISBN 978-7-80769-706-0

定　　价 ｜ 32.00 元

前言
PREFACE

从初中升入高中，我们就正式进入一生中最美好，也是最矛盾的时期——青春期。这段时期，我们会迷茫，会向往，会开始试着思考人生的方向。学业压力的增加，以及身边亲友的期许，都会让我们的生活开始变得紧张。面对即将到来几乎可以决定一生命运的高考，我们应该如何度过高中三年，应该如何让自己的人生不留遗憾?

哈佛大学——世界一流学府，是天下学子心中最高的殿堂。哈佛大学培养了无数的政治家、科学家、作家、学者。其中有8位美国总统、40位诺贝尔奖得主、30位普利策奖得主，还有美国500家大财团中的2/3决策经理们，以及各行各业无数不懈努力的精英。从哈佛毕业的杰克·韦尔奇成了世界上最伟大的CEO，从哈佛退学的比尔·盖茨早已成为世界首富……哈佛大学是靠什么打造了这些成功的巨人?无数哈佛学子的成功，正是哈佛大学正确的教育方针运用得当的结果，这也是哈佛大学素质教育理念的有力证明。正如一位哈佛大学教授所指出的:"人才的培育与成长，并不在于方法，而在于观念;并不完全依靠勤奋，而主要依靠思想。"

哈佛大学，是被中国家长最为认可的世界名校之一，在教育界被誉为"高等学府王冠上的宝石"。学校的名气、教授阵容以及学生的综合素质，都堪称世界一流。三百多年来，哈佛大学先后培养了数以百计的世界级精英，为商界、政界、学术界及科学界，贡献无数成功人士和时代巨子。正如哈佛大学第23任校长科南特所言:"大学的荣誉，不在它的校舍和人数，而在于它一代又一代人的质量。"那么，为什么如此多的哈佛人能够取得成功，哈佛的教育中究竟蕴含着怎样的智慧。

去过哈佛大学的人都知道，哈佛大学没有现代化的高楼大厦，创建于1636年的哈佛大学，是美国最古老的高等学府，也是世界最负盛誉的名牌大学之一。哈佛大学原称剑桥学院，最早开学时只有一名教师、一所木板房和一个"校院"。出生于伦敦的英国牧师约翰·哈佛（John Harvard），将自己的全部藏书和一半资产捐赠给了这所学院，该校从此改名为哈佛大学。

如今的哈佛大学，拥有用新英格兰红砖建筑的藏书逾千万册的100个图书馆。当你走进美丽的哈佛校园，置身于凌晨四点半的晨曦中，只见湖边、路边，到处是正在聚精会神晨读着的学子，而且每间阅览室都灯火通明，每个座位上都坐着认真看书、积极思考的哈佛学子，那些勤奋努力的身影，坚实地写下人生的篇章。

本书汇集哈佛大学顶级的教育理念，从人生智慧、优秀品质等多个角度，充分诠释了哈佛大学教育的精髓，触及人生最朴素的感情和最本质的人性，深入浅出，挖掘出成长路上最丰富也最行之有效的成功内涵，为成长中的学生提供最恰当的精神养分，从而像哈佛学子那样，铸就应有的优秀品质，树立精英意识，学会在学习生活中正确选择，不断塑造自我，从而为走向社会成为精英打下坚实的基础。

编者

目 录
CONTENTS

Harvard

half past four

第一章

释放你的潜能，目标定于哈佛之上

用进废退，锻炼属于自己的思维模式

哈佛大学一向注重培养学生的思维方式，帮助学生建立自我思考的能力，以此为基础更好地了解自己，评估自己，同时最大限度地激发每一个学生不同的潜能。而思维能力并非天生，而是通过后天的不断努力锻炼出来的，不同的思维方式也能给你的大脑带来不同水平的开发与利用，因此想要获得比别人更优秀的大脑，锻炼自己的思维方式可以说是一条必经之路。

思维方式对于一个人的行为是至关重要的，认识层面或者角度不同，在实际行动中的做法也会大相径庭。作为一名高中生，思维方式可以直接影响我们在学校的各种表现，其中当然包括我们最看重的学习成绩。从长远看，在高中形成的思维模式，更会影响我们大脑的潜能是否充分开发出来。哈佛大学心理学研究结果显示，思维方式的差异可以形成不同的思维模式，对大脑产生不同的刺激，青少年时期的差异则可以最大程度上影响大脑的潜能利用。比如说，对待同样的问题，有些同学就善于从多个角度思考，立体统筹，得出最切实可行的方法；而有些同学则会手忙脚乱，事倍功半；这就是思维方式造成的大脑使用差异。

因此，想要拥有一个"超人"一样的脑子，并不需要变异那么科幻。虽然大脑从10岁左右就基本发育完成了，但是我们正处于思维可塑性最强的时期，而思维模式锻炼则可以重新开启大脑的某些功能区域，让人变得更加清晰，更加聪明。纵观哈佛大学心理学和教育学的课程，不难发现，其提倡的思维方式大致可以分为五种类型：长效思维；创新思维；集体思维；假设思维以及逆向思维。

1．长效思维。这种思维方式属于一种预测式、推论式的思维。

要求学生在做一件事情之前，先经过合理化的分析，推测各种结果，预测可能出现的问题以及对策，通过这种方式锻炼大脑形成有效的思维回路，能以最快的速度找到问题更具逻辑性的解决方案。这种长效思维不仅在整个学习生涯中处于非常重要的地位，在日常的生活中也能为我们提供有效的应对策略，比如说推导一道立体几何题，如果你拿到题目就开始盲目地利用各种公式去证明，那么往往耗时又费劲。而利用长效思维，首先我们需要简化图形，找到图形中最关键的面、线、角；其次，在关键图形中添加必要的辅助线帮助自己理解整个图形；之后将平面转化为立体图形观察，添加空间辅助线，把立体图形剖析成自己大脑可以接受的状态，如此一来，整个题目就被大脑完全认知，该用什么公式，该如何证明也就一目了然了。

2．创新思维。

这是老生常谈的一个话题，哈佛大学以及美国各大名校的学生都有一个共同的特点，就是他们在课堂上可以侃侃而谈。而中国的高中生面对老师抛出的问题，经常是全体沉默，等待老师给出正确答案。事实上哈佛大学心理学报告指出这是一种思维惰性，当大脑习惯了接受信息而不是分析信息的时候，大脑的信息"处理器"就会出现渐进性的功能退化，简单地说也就是从XP退化成了Win97，而这种思维惯性最常见的副作用就是大脑丧失创新功能。

创造性思维，是创造性思维能力的活动，是创造性思维能力的综合表现，这种能力包括逻辑思维能力、判断能力以及想象力。创造性思维也属于逻辑思维的一种，在学习中将观察中获得的感性材料进行分析、概括、类比，得出初步的结论，形成理论上或科学上的假说并想办法验证，最后得出结论。想要获得创造性的思维，首先要学会观察，创新往往是建立在大量的经验之上；其次要善于发散思维，遇到问题多角度思考，不要怕走弯路，不要怕出错等；最后要勇于坚持，持之以恒也是创造性思维的必要条件。

3．集体思维。

哈佛大学的课堂上很少会有独立的项目，学生们都会以小组为单位进行讨论和研究，这种集体思维方式可以最大限度地促进不同学生之间的思想互动，取长补短，交换思考，角色思考等，都可以使学生在思维方式上有极大的提高。作为高中生，学习是每天的主题曲，但是在学习的同时，和身边的同学多沟通，一起活动，一起讨论都可以帮你建立集体思维方式，在哈佛大学考察一个学生品质的很重要的指标就是——是否具有团队意识，因为一个具有团队意识的人才能拥有最起码的责任心、爱心以及纪律观念。

4．假设思维。

听起来非常抽象，但事实上很简单，因为假设是大脑最基本的功能之一。在学习原子核的时候，你不可能直接看到中子或者质子，你需要通过经验和规律去假设，才能分析出各种元素的不同电子轨道等，这就是一种假设性的思维。为了摆脱习惯思维，我们在日常生活和学习中都应当尽量使用假设这一功能，杨振宁博士就是从雪花精确的对称结构中假设并验证了"弱相互作用中宇称不守恒"，并获得了诺贝尔物理学奖；J. K. 罗琳就是通过假设的想象，构建出了一个魔法的世界，也就是著名的《哈利·波特》系列。假设是想象力的前提，也是大脑自我开发的重要途径，有研究表示假设的一系列问题，可以同时运用到大脑的多个功能区域，也就是说"胡思乱想"的人，往往后天智商更高。

5．逆向思维。

这是一种与传统思维方式相反的思考方式，它的优势在于避开传统思维中可能遇到的难点，从后向前，将不利因素变为有利因素，也就相当于我们数学中的"反证法"。逆向思维的锻炼，有助于大脑形成多个回路，在解决问题的时候，大脑能从多个方向搜索，以便以更快的速度完成策划和推导。

在哈佛的经济学课堂有这样一个例子："美国有家叫鲍耶的瓷器公司。这家公司的老板娘从已故的丈夫手中接过来的只是一个规模很小、没有名气的专门生产花、草、禽、兽瓷雕艺术品的小公司。老板娘接管后，当即为公司定了树立独特形象的两条战略目标：其一，用艺术家的名声制造新闻宣传出去，产品要珍藏在国家博物馆中，以抬高身价；其二，以慈善家的名声生产人类保护的野生动植物瓷雕。为了实现自己的战略目标，她选了这样的一个时机：1972年，尼克松总统访华，正苦于寻找一种能代表国家的礼物。该公司闻讯后，立即向尼克松献上他们生产的一尊精雕的天鹅群瓷器珍品。因为瓷器的英文'china'也可译为中国。尼克松喜出望外，把这尊既具有双重意义也具有很高艺术价值的瓷器珍品带到了中国。一方面该公司的产品艺术性很强，另一方面各新闻媒体对此纷纷予以报道，使这家小小的瓷器公司声誉鹊起，该公司的产品一时间也成了热门货。小小的瓷器公司自此生意兴隆。"

这就是逆向转化的力量。在我们的学习过程中，也同样可以利用这种方式解决问题，同时也锻炼大脑的思维灵活度，让我们更加聪明。举个简单的例子，在我们做单项选择题的时候，经常会出现模糊的情况，A好像对，B貌似也没错，C也有可能，在这种时候，一味计算和逐个检验着实浪费时间，为了小分值的选择题往往不值得，那么我们完全可以反过来思考一下，看看哪两个答案比较类似，那么它们就应该都是错的，因为一道单选题不可能有两个正确答案，排出了两个之后，情况就会明朗许多。这种逆向思维方式，在考试中时常可以帮助你在规定时间内得到更多的分数。

这五种思维方式，都可以在平时的一点一滴中积累和锻炼；刻意改变大脑的思维模式，可以帮助你开发大脑中不常使用的部分，而这种思维锻炼可以帮助强化大脑，增强自己的逻辑思维能力，也就给释放自身的潜能提供了良好的思维基础。长期锻炼自己的大脑，你会开始慢慢建立属于自己的思维模式，同时在面对困难和问题的时候，分析能力也会大大提高，当你自己的思维模式建立之后，你会发现大脑就像是一台"永动机"，孜孜不倦地为你输出各种观点和能力，你就会发现不仅是在学习上，你的整个世界观都变得更加丰富，更加精彩。

◎哈佛心理评估：你是左脑思维还是右脑思维？

A. 左　　　　　　B. 右　　　　　　C. 都可以

分析结果：

看到向左飞的，属于左脑思维占主导；向右则是右脑思维占主导，选择C的同学则属于左右脑水平相同。

左脑三大优势：

（1）语言能力强。

（2）逻辑思维能力强，擅长定量思维、数据分析，理科成绩优秀。

（3）擅长抽象思维、理性思维、理论思维、包括哲学思维以及推理。

右脑三大优势：

（1）有良好的具象思维能力，并拥有丰富的想象力。

（2）多具有艺术鉴赏水平，善于沟通，组织领导能力强。

（3）擅长定性思维，直觉准，比较主观，文科成绩较为出众。

提高自己的EQ，让IQ跟着暴涨

> 成功=20％的智商＋80％的情商。
>
> ——哈佛大学心理学教授　丹尼尔·戈尔曼

　　中国的高中生，或多或少都向往美国名校的大学生活，在那里我们可以徜徉于知识的海洋，带着金色的翅膀，翱翔在高贵的象牙塔中。电影中或者美剧中，我们看到的美国校园是热情的，是丰富的，每一个人脸上都洋溢着充实和满足，而在这其中，像哈佛这种名校更是让广大高中生趋之若鹜。许多家长认为，如果能让孩子就读于哈佛大学，那就等于有了人生的保障，就等于有了一个光明的未来。事实上，我们羡慕并向往这些名校并不是因为它们的名气，而是因为它们能教给我们的东西，它们给我们提供的平台，以及它们赋予我们人生的全新价值。

　　在哈佛，单纯的学习成绩绝不是论成败的唯一标准，哈佛大学录取的法则是学生的综合素质，如果说智商决定了一个人的成绩，那么情商就决定了这个人的综合素质，而从某种方面来说，情商可以影响智商，比如说一个情商很高的人，其协调组织能力就较为出众，而这种人的学习能力较强，可塑性较强，也更有团队精神，这要比单纯的天才要来得重要得多。大多数高中生都是有个性的，每个人的智商与情商也不同，如果说智商是一定的话，那么情商是可以后天培养和提高的，而在获得成功人生的道路上，情商则远远比单纯的智商更重要，所以有一句话叫做"没有感情的人一定不会聪明"。

也许有些同学会不以为然，"那我天生情商低，我有什么办法"，在这里我们想说的是，情商的的确确是可以培养的，在哈佛大学的课程表里，你会看到"情商课程"已经成为了必修课，这是每一个哈佛学子都要培养的一个新的素质。不仅仅是哈佛，美国大部分名校都已经开设了情商课程，并且约一半的学校将该课程列为必修课。如此看来，想要在当今社会做出点儿成就，没有情商是行不通的。作为高中生，我们的性格有极强的可塑性，几个小小的习惯就能够改变我们今后的走向，因此我们在钻研知识的同时，也不能忘记培养自己的情商，"两手都要抓，两手都要硬"，就像两条腿，都健全强壮，才能走得快，走得远。

一个人的思维模式是依赖重复的经验成形的，一个人的情商也会因环境不同而大相径庭。比方说，生活在一个父母经常吵架大打出手的家庭，想要拥有较高的情商几乎是不太可能的；而生活在一个开明丰富的家庭中，在情商的塑造上就具有得天独厚的优势，孩子往往表现得更加懂事，更加善解人意，相对来说也拥有更高的智商。除了家庭环境的影响，哈佛大学的情商课程也讲述了如何在成长过程中进行自我规划，自我调整，把情商在后天给补回来。

首先，自我认识——这是培养情商的前提，只有充分了解自己的情绪，才能充分合理地利用它们、操控它们、驾驭它们。即使是高中生，我们也应当自己决定自己的人生、自己的情绪，不能依靠老师或者家长的监督来完成自己的使命，或者把失败的罪责都推到别人身上。诚实地面对自己，观察自己在面对成功和挫折时的心态，留心自己在面对讽刺和嘲笑时的情绪，这都可以帮助我们建立良好的自我认识。是否能够做到处变不惊，宠辱不惊，是否会在失败后反省，在成功后谦虚，都是考量自己情商的一个重要指标。

其次，控制自我——这是情商自我驾驭的表现。哈佛大学情商课程中指出，接受情绪是培养情商的一个重要步骤。那么，我们应该怎样控制自己的情绪化行为呢？一是要承认自己情绪的弱点。每个人的情绪都有优劣，自己一定要认识自己的情绪，不能回避，不能视而不见；二是要控制自己的欲望，降低过高的期望值，摆正"索取与贡献、获得与付出"的关系；三是要学会正确认识、对待社会上存在的各种矛盾，要学会全面观察问题，多看主流、光明、积极的一面，发现生存的意义和价值，增加希望和信心；四是要学会正确释放、宣泄自己的消极情绪。一般来说，当人处于困境、逆境时容易产生不良情绪，而且当这种不良情绪长期压抑、不能释放时，就容易产生情绪化行为。高情商的人，懂得在必要的时候将消极情绪适时地释放、宣泄。

最后，激励自我——这是情商产生正能量的必要过程。美国短篇小说家欧·亨利在他《最后一片叶子》里讲了这样一个故事：病房里，一个生命垂危的病人从房间里看到窗外的一棵树，树叶在秋风中一片片地落下来。病人望着眼前的萧萧落叶，身体也随之每况愈下。她说："当树叶全部掉光时，我也就要死了。"无望的情绪笼罩着病人。一位老画家得知后，用彩笔画了一片叶脉青翠的树叶挂在了那棵树上。结果，那片"叶子"始终没有掉下来。只因为生命中的这片绿，病人不断激励自己，竟奇迹般地活了下来。这就是自我激励带给人的影响，其影响之大可见一斑。在学习中，我们如何对自己进行激励，决定了我们的心态，决定了我们接下来的目标能否实现等。有一些简单的方法可以帮助你进行自我激励：

每天给自己一句赞美；

每天找出一件自己做的值得肯定的事情；

每天给自己的学习情况打分；

每天确认一下今天自己表现最好的一堂课；

每天记录老师表扬自己的次数；

每天计算自己解出的难题。

列成表，让自己看到每天的进步，这就是培养情商的一个很好的方法，哈佛大学心理学教授认为，只有懂得自我赞美的人，才能够拥有更幸福的人生。

我们的高中生活很苦，每天有大量的作业、大批的课程，我们要给自己打起十二万分的精神，才能顺利度过。与此同时，千万不要忘了自己除了IQ还有EQ，当你按照我们说的方法锻炼自己的情商，正能量就会慢慢浮现在你的生活里，当EQ值达到一定的级别，你将发现，IQ已经不重要了，因为你已经拥有了让自己更幸福、更成功的方法。

◎哈佛心理评估：你的领导能力有多高？

有一天在路上，你遇到失去联络的旧同学，你们相约到附近的冰淇淋店去坐坐，除了聊聊目前的学习生活之外，难免谈起以前的时光，这时候，你最怕老同学提起什么？

A．两人刚认识时的搞笑事情

B．毕业分开时的感觉

C．你们的另一个好朋友

D．一次旅行的经历

答案分析

A：你的领导才能会在小团体内发挥，一旦人变多了、关系变得复杂了，你就会掌控不住局势，甚至招致民怨，"宁为鸡首、不为牛尾"说的就是你的性格。

B：你在团体当中通常是"Helper"，你的生活哲学是"平生无大志，只求有饭吃"，拥有随遇而安的个性，也是一个很实在的人。

C：你具有领导的才能，却没有领导的大气。想要让一群人对你服从，可不是很有才华就可以的，你必须懂得唯才是用、能屈能伸、善用智谋，如果只有勇气和冲劲是不够的。

D：你是天生的领导者，有指挥群众的天分和魅力。你并不会刻意表现出自己的野心和企图心，但是大家自然就会找你解决问题，喜欢和你在一起，可能就是你有一股王者的风范吧！

幸福型汉堡，哈佛潜能激发法宝

> 与我们应取得的成就相比，我们只不过半醒着，我们只利用了身心资源的一小部分。广义地说，人类就是这样地生活着，远在他应有的极限之内，他有着各种力量惯于不会利用。
>
> ——哈佛大学著名心理学教授　威廉·詹姆士

升入高中，我们会开始思考一些更为复杂的哲学问题，例如，我们从哪里来？要去哪里？我们为什么要学习？等等。哈佛最受欢迎的一门选修课，就是"幸福课"，听课人数竟超过其王牌课《经济学导论》。由此可见，更多的学生认为人生的幸福感，才是衡量人生的唯一标准，是所有目标的最终目标。

从汉堡里，哈佛总结出了四种人生模式。

第一个汉堡口味极其诱人，是"享乐主义型"，即享受眼前的快乐。然而第一个汉堡却是一个标准的"垃圾食品"，吃它等于出卖人生未来的幸福，埋下未来的痛苦。

第二个汉堡最糟糕，是"虚无主义型"，吃起来既不美味，也不健康。这种人对生活丧失了希望和追求，既不享受眼前的事物，对未来也不抱期许。

第三个汉堡即"忙碌奔波型"，吃掉这个汉堡，可以使你日后更健康，但吃起来却没那么美味。就好比为了长远的计划，牺牲眼前的快乐一样。

第四个汉堡既好吃又健康。意思就是既能享受当下所做的事，又可以获得更加美满的未来，这种人生状态也就是我们应该追求的——幸福。

我们每个人本都是无忧无虑的，但是自打上小学的那天起，就开始忙碌。父母和老师总是告诫，上学就要取得好成绩，长大后才能找到好工作。却从来没人教我们，学习是一件令人开心的事，学校是个可以获得快乐的地方。所以中国的学生常常因为害怕考试考不好、作文写错字，总是在担心中背负着焦虑和压力，无法体会到学习的快乐，幸福感也就无从谈起。

渐渐地，大家接受了这种价值观，虽然在努力地学习，却对学习根本没有兴趣，也不知道为什么要学习。只因为成绩好就可以得到父母和老师的夸奖、同学的羡慕。到了高中，很多同学对此深信不疑：牺牲现在，就是为了换取未来的幸福；所谓吃得苦中苦，方为人上人。每当学习中的压力无处发泄，我们就会安慰自己说：等考上了大学就好了。可是到了大学，又会担心自己在大学的竞争中不能取胜，将来找不到好工作，如此一来，恶性循环，也就跟幸福渐行渐远。

哈佛大学从来不会以成绩或者成功来定义幸福的程度。而中国大部分家长和学生却错误地认为成功就是幸福，不停地从一个目标奔向另一个目标，追求这种"幸福的假象"。比如说一味追求成绩和排名，却忽略了自己的兴趣和爱好，这种"成功"其实是非常盲目的。人们常把目标达成后的放松心情解释为幸福，好像事情越难做，成功后的幸福感就会越强。其实这种解脱，只能让我们感到放松和心理安慰，绝不是我们说的"幸福"。

哈佛大学认为，一个热爱学习的学生，可以在学习中享受创造的愉悦。这种快乐可以帮他取得更好的成绩，助其获得未来的幸福。一个真正幸福的人，必须能够享受人生的快乐和意义，要有一个明确的目标，然后努力追求。在有意义的生活方式里，享受点点滴滴的快乐。所以我们不但要学会更好地思考、更好地阅读、更好地写作，还要学会更好地生活。

人在做感兴趣的事情时，潜能才能更好地被激发出来。充分发挥了自己的天赋，才越能做得持久。一旦有了热情，不但人的意志坚定，连做事效率也会提高。可是在美国，有50％的人对自己的工作不甚满意。这些人之所以不开心，并不是因为别无选择，而是他们把物质与财富放在了快乐和意义之上，是他们这种错误的决定，才让他们不开心。

那么如何才能得到真正的幸福？

人的幸福感主要取决于三个因素，即"遗传基因、与幸福有关的环境因素，以及能够获得幸福的行动"。而这种幸福的行动，是能够通过学习和练习获得的。保持积极向上的心理，可以帮助我们活得更快乐也更充实。

能让自己的人生变得快乐而有意义，才是获得幸福的关键。如果在亲密的关系中共享友情的美好，就会促进彼此的成长和发展。

哈佛大学幸福课上，教授举了这样一个例子：

格林的父母离异了，他变得郁郁寡欢，学习成绩下降，动不动就对同学发脾气。为了平衡内心的混乱，他每天吃完晚饭都在操场上痛苦地转圈，一圈又一圈，没有人能够安慰他。不知从什么时候起，班里的杰克悄悄出现在他的身边。从此，两个身影并肩而行。格林渐渐从家庭的阴影中走了出来。原来，杰克的父母也离婚了，在那痛苦的日子里，他发奋学习，考上了大学，变得更加成熟、独立而坚强，他只是把自己的这段经历告诉了格林。

当大家问他为什么能一直生活得那么快乐、豁达？杰克回答说："当好运来临的时候，我们都会感谢生活；可是，当生活不如意的时候，大多数人却会抱怨生活。但是，生活不会因抱怨而变得美好，却会因为我们的抱怨变得更加糟糕。经历了种种不如意，我学会了感谢生活。正是因为那段家庭的变故，才成就了今天的我。"

哈佛大学有句经典名言："我们要选择的，不是财富，而是美好的声誉；

不是闪亮的金子，而是爱的恩泽。"

凯瑟老师拥有大片的青草、溪流、树林和广大的土地，他环视着美丽的原野，告诉儿子这片土地的来历。

他的第一个女儿出生不久，他和妻子很想在他们那个镇上拥有一块土地、建造一座房子。他注意到镇南面有一片15英亩的土地，那是九十多岁的银行家尤迪先生的。尤迪有许多土地，但是一块也不卖。尽管如此，凯瑟老师还是前去拜访。

尤迪先生毫不意外地拒绝了他的请求，却问起他的名字："你说你叫什么名字？"

"比尔·凯瑟。"

"那么，你知道格列弗·凯瑟吗？"

"当然知道，先生，他是我的爷爷。"

尤迪先生听后感到有些惊讶，然后指着椅子让他坐下来。

"格列弗·凯瑟是我曾经有过的最好的一位农场工人，"尤迪先生说，"他总是早来晚走，用不着我吩咐，就能主动把所有要干的事都干了……如果当天的活没干完，他会觉得不好受。"老人眯着眼，沉浸在遥远的回忆中。良久，他问道："你再说一下想要什么，凯瑟？"凯瑟将他买地建房的想法又说了一遍。

"好吧，我考虑考虑，过两天你们再来。"

一周后，尤迪先生对凯瑟老师说，他已经想好了："3800美元怎么样？"

凯瑟紧张地看着老人，每亩地要3800美元？那么15英亩就要付出将近6万美元，这不是在变相拒绝吗？

他艰难地问道："3800美元？"

"是的，15英亩一共要3800美元。"老人微笑着对他点头说，凯瑟于是无限感激地买下了这片土地。

30年后，凯瑟把这片土地建设得越来越美丽。"孩子，"他说，"这全都因为我的爷爷——一个你从未见过的人美好的声誉。"凯瑟说，"在爷爷的葬礼中，人们纷纷称赞爷爷，说他博爱、诚实、宽容和正直。"所以美好的声誉，就是爷爷格列弗·凯瑟留下的最好的遗产，他希望儿子将来把这个故事也告诉他的下一代。好名声对一个人建立信誉、赢得尊重有多么巨大的价值。我们都希望周围的人认为我们是好人，信誉会使每个人都感受到继承美名的责任，成为一种激发人努力向上、做正直人的动力。哈佛大学的教授常常告诉学生，好名声能给人带来实际利益，更是最有效的推荐信，是人生道路上最好的通行证。好名声能够成就人一生的荣誉，而坏名声却往往会使人遗臭万年。一个人想要获得持久的好名声，就需要持之以恒地保持诚实、勤勉与克制。

幸福本身是一件很简单的事情，在匆忙的哈佛校园，你看不到一张愁苦的脸，说到底，过自己想过的生活，追求自己想要追求的目标就是幸福的。所以，从今天起，做一个幸福的人，让学习不再是负担，让学校变成学习的乐园，走过高中三年虽然顶着巨大的压力，也要尽全力让自己的心不受束缚，尽情享受知识的海洋，获得多彩的青春期。

◎哈佛心理评估：你的生活有多幸福？

请从以下27个选项中，选择出你感到害怕的8项，然后做好记录，选择完后，请继续根据下面的提示操作。

1. 鬼
2. 死
3. 辍学
4. 世界末日
5. 失恋
6. 失去亲人
7. 贫困
8. 身边朋友的飞黄腾达
9. 战争

10. 爱人的背叛

11. 老去

12. 毁容

13. 寂寞

14. 无聊

15. 残废

16. 朋友背叛

17. 老无所养

18. 一事无成

19. 失去信仰

20. 失去自由

21. 内疚

22. 被误解

23. 被遗忘

24. 平庸

25. 不快乐

26. 不健康

27. 失去民主

选择好你害怕的8项之后，请在纸上随意写27个你想写的词语，切记，想到什么就写什么，要旁若无人地写。

答案分析

1. 请将害怕选项的序号相加即为得分。

2. 得分大于120，表明您现在的生活不错，超过越多表明生活越好，反之则越差。

3. 27个词中，越靠后排越反映你内心深处的世界。

给心阴凉——潜能的释放需要平稳的平台

> 多数人都拥有自己不了解的能力和机会，都有可能做到未曾梦想的事情。
>
> ——美国现代教育之父　戴尔·卡耐基

1999年4月，哈佛大学、哥伦比亚大学、威尔斯利学院和蒙特豪里尤克学院4所美国名牌大学，同时全奖录取18岁的成都女孩刘亦婷，免收每年高达3万多美元的全部学费、书费和食宿费用。而这4所名牌大学，就连美国本土的学生也很难考上。对于大部分中国学生而言，能够拿到哈佛大学的录取通知书更是"难于上青天"。

刘亦婷被录取的消息顷刻之间轰动全国，那些望子成龙望女成凤的家长，更是无不渴望把自己的孩子培养成刘亦婷那样的人才。这些世界名校为什么都选中了她？她究竟有什么过人之处呢？正如一份录取通知书中写道：你被录取的事实本身，说明你是一位具有极大的学习潜力和极好个人素质的年轻女性。

刘亦婷和她的家人有一切理由感到自豪。每个学校对她都是那样的优厚与热情，可以说，放弃任何一所学校，都会让人惋惜和心疼。人们不禁要问：刘亦婷身上"不寻常的优秀素质和综合能力"，到底是怎样培养出来的呢？

然而在刘亦婷父母的眼里，她只是一个普通的孩子。而她最不同于同龄人的特点就是——时刻保持平和的心态。

人生在世，每个人都会遇到无数的困难与压力，如果我们都能保持一颗平常心，随遇而安、心理平衡，使自己在心灵的阴凉中保持一种心态的平稳，才能使我们内在的潜能得到平稳的释放。然而这也是需要呵护与磨炼的。我们每个人，都处在这个竞争非常激烈的时代，甚至从呱呱坠地的那天起，就要开始不断学习各种适应环境的本领。

上了小学，很快就要面临考中学，要努力考上重点中学；上了重点中学，还得努力考大学，要考上重点大学。好不容易上了如意的大学，很快就要面对严峻的就业形势，干脆再考个硕士吧，就得在众多的"高人"中保持平衡，再一次挤过窄而漫长的独木桥……路是这样的漫长，学生时代的压力之大，都不用细说。要想保持心理平衡，真是太难了。

我们每个人自己成长的同时，都无可避免地在与周围的人进行比较，一旦处于劣势，心理就会产生不平衡感，心中的压力也陡然而生。每个人都在拼命地努力着，为了使一个又一个欲望得到满足。当然，这种追求上进的精神，会在一定程度上激发我们的能动性，但是凡事都有一个限度。人的欲望是永无止境的，没有人能够实现所有的愿望，这时就需要我们学会选择和放弃，这样才能摆脱那种失落感造成的心理不平衡，才能解除外界压力给心灵带来的伤害。

怎样才算心态平和呢？就是指无论外界环境如何变化，人的心理都要保持在一种相对的平衡状态。人的心理平衡了，生理才会保持平衡；生理平衡了，人体的各个组织系统，才会在最佳状态中协同合作，人的身体健康与内在活力才会自然焕发。这是一种理性的平衡，是人格升华和心灵净化后的崇高境界，是一个人拥有宽宏的心胸、远见的目光和睿智的头脑的一种人生大智慧。

人本心理学认为，人类的本性是善良的，而且在人类本性中，原本就蕴藏着无限的潜力，所以改善环境才有利于人性潜力的充分发展，才能臻于自我实现的境界。因而苏霍姆林斯基提出了"唤起人实行自我教育，乃是一种真正的教育"的观点。也就是说，在我们每个人的身上都有没能发挥出来的优势，这些尚未苏醒的潜能是否能够释放出来，就看我们怎样转变观念实现自我教育，将自己的弱点转化成为优势。

当你学会让自己的心沉下来，平静下来，潜力才有可以发展的平台。而潜能的开发主要有三大要素：高度的自信、强烈的愿望和坚定的意志。

可以说，高度自信是一切成功的基础，也是成就一切事业的根本。只有对自己非常自信，才能唤起内心的激情，使自己进入一种特殊的功能态。无论在学习、工作还是在创业中，都要对自己充满信心，因为信念是潜意识能量的精髓和灵魂，如果自己都不相信自己能成功，那你也注定一事无成。

大多数的失败，都是由于意志软弱造成的。坚定意志是一种心理过程，是在为达到既定目标而自觉努力。简而言之，意志就是一个人坚定的决心。一个人是否有坚定的意志，这是事业是否能出成效的一个重要因素。因为人的意志，是一种很神奇、很微妙、无法触摸，但是却又是非常真实的特殊能量，它与人类潜意识有着紧密的联系。当人的潜意识被无限放大，潜能也会随之提升，因此我们把这种潜意识称为强烈的愿望。

在遵循传统的学习方式中，我们强调的是学生对知识技能无条件的掌握，这使得学习成为一种机械式的被动灌输，而无视学生的兴趣和真正需要。这种学习方式由老师全权代理，课堂提问，也只是为了检查学生对教师讲解的记忆效果，致使学生的主动性、能动性、独立性被压制，从而使学生的学习兴趣和热情渐渐销蚀，不但压抑了人的潜能，也影响着学生的健康成长。

激发自身的潜能，给自己一个平稳释放的空间，让自己愉快平和地往前走；给自己一个向上成长的条件，让自己主动去锻炼；给自己一片自由的天空，让自己去享受创造的快乐。就要求我们要尽快改变这种过于强调一味接受、死记硬背、机械训练的现状，作为学生要从内心主动参与学习，勤于动手、乐于探究，培养自己有目的地搜集、获取新知识的能力，锻炼分析处理和解决问题的能力，同时还要激发自己与他人合作交流的能力，就会使受到压抑的潜能不断被激发和释放出来。

我们每一个人生来就蕴含着蓬勃发展的可能性，每个人都具有潜能。而高中时期的我们具有极大的可塑性，只有按照兴趣和需要来安排学习，调动全部的学习主动性，才能更加彻底地激发学生平稳释放无限的潜能，为当下紧张的学习助力，为未来的发展奠定基础。释放自己的潜能，就是要变被动学习为主动学习，变潜能压抑为潜能释放。在这种和谐快乐的氛围中，才能使学习生活变得有滋有味。

◎哈佛心理评估：想知道自己具有怎样的天赋吗？

从哈佛退学的比尔·盖茨善于发挥自己的商业天赋，使得自己蝉联世界首富12年。天赋就是天分，具有独一性及特殊性。真正聪明的人是那些了解并懂得发挥自己的天赋、取长补短的人。来测试一下吧！

你赶去乘电梯，却来迟一步，没赶上。请回想一下，等候电梯时，你最常表现出的行为是：

A．禁不住反复数次摁按钮。

B．有时会在地上跺脚。

C．抬头看天花板。

D．注视地面。

E．盯着显示楼层的指示灯，一旦到达目的楼层，门一开便立即冲进去。

答案分析

选A：注重选择，有时沉迷其中浑然忘我。有人缘，具有公关天赋。

选B：感情敏锐，能凭直觉洞察他人，具有艺术天赋。

选C：你心地善良，具有数学才能，在理工科方面有天赋。

选D：分两种类型，一是你做人有些消极，不喜欢对人袒露心迹；另一种与此相反，坦率、人际关系好。

选E：小心谨慎，不做冒险的事情。如果未来做领导工作，能深得部下爱戴，有些过于理性。

深入挖掘你的大脑，让左脑帮助右脑再次发育

> 每个人都有其不同的智能强项，而每一种智能强项的充分培育和发展都能导向成功。
>
> ——美国哈佛大学教授　加德纳

哈佛大学研究发现，人类最伟大的一项发现，就是对大脑无限潜能的认识。每个人有大约140亿个脑细胞未被开发利用，被科学家称为"三磅空间"。大脑就像一片神秘的未经开垦的处女地，具有无限潜能。要想高效地学习和工作，就应使大脑能力全面提升，变得更加聪明，更富有创造力。而高中时代青少年的大脑思维还未定型，如果能有意识地对大脑潜能进行充分开发，就可以为以后的成功奠定牢固的基础。

天才，往往具有超群的洞察力和想象力。世界公认最聪明的科学家之一——爱因斯坦，研究显示，他的大脑结构与普通人并没有任何区别。但是，他的大脑却得到了全面的、深度的开发，这使得爱因斯坦拥有异常发达的右脑。而人的右脑能力，几乎是左脑能力的100万倍。左脑是用语言来运转，而右脑则是通过图像来运转，用右脑获得形象信息，再转化为左脑的语言信息表现出来。所以右脑对信息的存储处理要大大强于左脑。

当一个人显示出天才能力，毫无例外都是右脑在发挥作用。在现实生活中，超过95%以上的人仅仅使用自己的左脑。而这些没有开发出来的能力，大多隐藏在人的右脑中。如果只注重对左脑的使用，而忽略右脑潜能的开发，那你的大脑几乎有85%～95%是被浪费掉的。

人的左脑与右视野有关，右脑与左视野有关，因此用右眼来看细节性的东西更清楚，用左眼看整体性的东西更清楚。但是在实际看东西时，几乎同时进入左右视野，加之左右脑总是分工合作，"沟通系统"非常便捷，因此几乎感受不到这种区别。左脑和右脑对人的行为分别起着不同的作用，有时左脑比右脑更活跃一些，有时右脑比左脑更活跃一些。那么如何来判断自己是属于左脑思维，还是右脑思维呢？

哈佛学者在研究中发现，人的左脑和右脑主要有以下四点区别：

1．左脑控制右侧身体，右脑控制左侧身体。

如果举起左手，右半脑的某个区域就在发出这个指令。如果抬起右脚，是左半脑某个区域在指挥完成这个动作。大约有90%的行为，都是由左脑控制着的，例如书写、绘画、筷子的使用等。大脑对身体的对侧控制，还体现在写字或打球时。而当我们转动头部和眼睛时也是如此，所以左脑控制头向右转，右脑控制着头部向左转。如果左脑受伤，右侧肢体的行动会发生困难，右脑受伤的人，左侧的肢体行动就会受阻。

2．左半脑按先后顺序进行活动，而右半脑则是同时同步进行活动。

人的左脑是按先后顺序进行活动的，当我们读书的时候，先看到的字和后的字是逐字逐词地读进脑子里的，就是因为左脑擅长依次处理信号，尤其善于识别连续性一个接一个按某种顺序发生的事物和行为，比如说、听、读、写等。

人的右脑更擅长综合性的评价。右脑的天赋在于，能同时看很多事物，可以看到一种情境的所有因素，看到立体图形的所有构造。所以，右脑辨别相貌的能力非常突出，要远远超过世界上最快的计算机。

3．左脑直接理解字面语意，右脑能够领悟话外音。

大多数人的语言功能，都是来自左脑。而右脑更善于理解语言的深层含义。假如你的母亲发现你考试成绩很不理想，于是面色很难看，却露出一副关心的神态询问学校的情况，我们会明白两件事，第一，母亲关心你；第二，母亲很生气。在这个过程中，左脑接收到母亲说的话，然后进行语音和语法分析，使你理解字面的意思。同时右脑会理解第二个含义，难看的脸色，不同以往的询问，都说明你的母亲生气了。如果人的脑部受损，就不能同时产生这两个结论。如果右脑受损，就只能理解你母亲关心你，但不能体会到母亲的恼怒；如果左脑受损，就会明白母亲很恼火，却不知道她关心你。

4．左脑善于分析细节，右脑侧重考虑全局。

对于错综复杂的事情，左右半脑分工配合、相得益彰。如果用狐狸比喻左脑，用刺猬来比喻右脑，那么狐狸知道很多事情，而刺猬却只知道一件大事。就是说，左脑负责分析信息，右脑负责合成信息，擅长将所有的独立因素整合起来，以感受整体。

左脑能够捕捉细节、注重分类，右脑可以看到全景、注重联系。大脑处理信息、进行推理的最基本方式就是分析与合成，这是由左右大脑共同完成的。

有人习惯用右手写字、吃饭、拿东西，也有人更习惯用左手做好这些事情。如果平时以右手劳作为主，那么大脑的左半球就会经常保持优势；习惯用左手劳作，那么右脑半球就会保持着优势。所以在日常学习工作时，就应将大脑的两个半球都启动起来，才会更高效地调动和开发大脑。

哈佛大学的研究者认为，开拓右脑才能最大限度提高效率，使左、右脑协调沟通、互补平衡，进一步提高智力和创新的能力。如果有人问，普通人与天才的用脑差异是什么？其实所谓的"天才"，与普通人的不同之处就在于，普通人用脑更多是以左脑为主，所以右脑的能力很少得到发挥。而天才的右脑能力都得到充分的开发，他们平时更多使用右脑，并且能积极为培养右脑的能力做各种训练。右脑如果活跃起来，有助于打破各种思维定势，提高想象力和形象思维能力。

哈佛大学非常注重对学生大脑的开发，认为人的大脑与肢体是能够互相影响的。右脑支配着人体左侧的动作，反过来，加强左侧肢体的运动，也会对右脑皮层生产良性刺激。因此，哈佛大学经常在课外活动中有意识地加强人体左侧的手、腿、眼、耳的运动，认为这样可以开发右脑的潜能。右侧大脑功能增强，就会增加人的想象力和灵感。学生不妨通过下面的方法来经常进行锻炼。

1. 大多数人都习惯用右手写字，为了强化对右脑的训练，开发创新思维，可以经常锻炼用左手写字，这是强化右脑功能最简单也最有效的方法。

在日常生活中也要让身体左侧多活功，右侧大脑就会越来越发达。比如改用左手使用小刀和剪子等用具，拍照的时候尽量用左眼，打电话时也用左耳接收。在公共汽车上，可以左手指勾住车把手或扶住把手，经常让左脚支撑站立。将钱放在衣服的左口袋，以左手取钱买东西等，尽量养成左手做事的习惯，如刷牙、梳头、数钱等。

2. 有效地刺激右脑。

经常进行右脑训练的游戏，比如，可以改用左手玩"石头""剪子""布"的游戏，在左手姿势的不断变换中，就能够刺激和锻炼右脑的灵活性。也可以经常锻炼左腿，比如在地上画两个圆圈，在每个圈中放入同样数量、不同颜色的小石子。两个同学分别站在两个圈中，同时单腿站立，用左脚将石子一颗一颗拔到对方的圈内，谁先完成就为胜利的一方。如果右脚落地一次，就要在自己圈内再加一块石子。

3. 经常练习可以增强右脑功能的"左侧体操"。

由于人体左右两侧的活动与发展并不平衡，右侧的活动往往多于左侧活动，因此要加强左侧活动，促进右脑功能。左侧体操的基本动作是：（1）左上肢侧举。两脚自然站立，左脚向左跨一小步；左手掌心向下侧平举，再向上举，最后还原。（2）左上肢前举。左脚向左跨一小步，左手上抬至左胸前，再向上举，与身体平行，然后经胸前向下复原。（3）活动左手指。伸出左手握拳，再将握紧的拳头松开，将拇指依次与其他各指的指端接触，重复进行。（4）左腿侧举。两脚自然站立，目光向前，双手叉腰。身体重心放在右脚，将左脚向左侧外提起、伸直，与地面平行后复原。（5）左脚前举。两脚自然站立，目光平视、双手叉腰，左脚向前踢到与地面平行后复原。以上各个动作每次做20遍，每天早晚做5分钟。

4.训练左右脑协调。

右脑主管创新思维，但创新过程也需左脑的参与，如果左右脑协调不好，就会影响创新开发。因此，要经常进行左右脑的协调训练，比如打字训练，手指指尖与键盘的频繁接触，可以同时刺激左右脑。尤其是五笔打字练习，首先由左脑将汉字拆成字根，再将字根转换成英文字母，之后将它们组合在一起，这是综合思维的过程，多由右脑来完成。左右手并用的钢琴、长笛、打击乐器等指法练习和演奏，也需要左右手的高度协调，这是左右脑协调训练很好的方法。

5.音乐也是一种形象思维，经常听音乐，也能够开发右脑潜能，调整大脑两个半球的功能。

如果在做作业的同时，能听一些节奏舒缓的音乐，就能促进左右脑在潜意识状态下的协调能力。

6.三维观察训练。

使用三维卡片，训练自己在一分钟之内就能够看出立体画面。三维训练还可以使书中的内容变成立体，用这种方法快速翻书，就可以在无意识之中，将书中的信息吸收到脑子里。

◎哈佛心理评估：测测你右脑功能的开发程度。

1. 以下课程中，你最喜欢哪一门？
　　A．图画　　　　　　　B．语文　　　　　　　C．数学
2. 你喜欢参加竞赛吗？
　　A．从不参加　　　　　B．偶尔参加　　　　　C．经常参加
3. 离睡觉还有半小时，这时电视机又出了故障，你会如何度过睡前这段时间？

A．画画　　　　　　　B．看书　　　　　　C．提前睡觉

4．老师提出三个作文题目，你会选哪一个？

A．科幻故事　　　　　B．暑假里做的一件有意义的事

C．写一篇制作玩具的说明文

5．你的职业理想是

A．画家或音乐家　　　B．作家或摄影师　　C．工程师或科学家

6．一首新歌唱过几遍后，你

A．记住曲调，没记住歌词

B．曲调和歌词都记住了

C．记住歌词，没记住曲调

7．将笔的一端竖直向上，伸直胳臂，将上端瞄准窗框之后，先闭右眼，看铅笔移动多少；再闭上右眼，看铅笔移动多少。比较一下，闭哪只眼睛时，铅笔的移动距离更小？

A．左眼　　　　　　　B．没有区别　　　　C．右眼

8．当你醒来时，能记住你做的梦吗？

A．记得很清楚　　　　B．偶尔记住一些　　C．几乎不记得

9．你去一个陌生的地方，你是怎么向别人问路的？

A．不记录，在脑中将别人的指点描绘成沿途的景象

B．画一张线路图

C．用笔记下来

10．你写字常用工整字体吗，比如宋体、楷体？

A．经常用　　　　　　B．偶尔用　　　　　C．几乎不用

11．同别人谈话是否用手势强调观点？

A．经常用　　　　　　B．偶尔用　　　　　C．几乎不用

12．猜测时间的准确度如何？

A．误差大于15分钟　　B．误差小于15分钟　C．误差在5分钟以内

13．坐下后，两手自然交叉放于膝，看一下两个拇指的位置

A．右手拇指在左手上面

B．并排

C．左手拇指在右手上面

14．一个人的面孔与名字哪个更容易记住?

　　A．面孔好记　　　　　B．没有区别　　　　　C．姓名好记

15．愿意做什么性质的工作?

A．没有或少有例行活动的工作

B．既有例行活动，又有新的挑战

C．有熟悉的例行程序的工作

评分规则

选A得5分，选B得3分，选C得1分。

答案分析

将分数相加，总分数越高，说明你的右脑开发得越好。

掌握大脑的规律，善用你的天赋

> 宝贝放错了地方便是废物。人生的诀窍就是找准人生定位，定位准确能发挥你的特长。经营自己的长处能给你的人生增值，而经营自己的短处会使你的人生贬值。
>
> ——哈佛名誉学士、发明家　本杰明·富兰克林

有人说过："兴趣比天才重要。"谁正在从事自己最感兴趣的工作，谁就等于踏上了通向成功的道路。一个人只有在自己擅长或者感兴趣的领域，才能取得非凡的成就。哈佛大学的教育，从来都是有针对性的，校方非常重视培养学生的天赋，更加注重培养学生发掘和善用自己的天赋。

美国作家马克·吐温曾经试图从商，结果两次从商经历下来，由于不善经营，加上被骗，马克·吐温一共赔了将近30万美元，不仅把自己多年心血换来的稿费赔个精光，而且还债台高筑。

马克·吐温的妻子奥莉姬发现，没有经商才能的丈夫，在文学上却有着极高的天赋。于是便鼓励他走上创作之路。终于，马克·吐温振作精神，重新开始了创作旅程，最终在文学创作上取得了辉煌的成就。

人生的诀窍在于找到发挥自己优势的最佳位置，经营自己的长处。美国微软公司创始人比尔·盖茨哈佛大学没毕业就果断离开，去经营他自己的电脑公司。众所周知，如今身为世界首富的他，成功令人赞叹不已。

　　所有人都应该善用并且依靠自己所拥有的天赋，必须集中精力于那些我们力所能及、更容易从事的事物上。遗憾的是，许多人并不理解，把过多的精力浪费在不擅长的事情上面。所以，很多人工作勤奋却奋斗多年仍毫无成就。

　　每个人都各有所长和所短，多数人总是花费太多时间和精力去寻找和改正缺点，但是却忽略了，比改正短处更重要的是发扬长处。所以，有许多勤奋的人，学习时间比别人都长，他们不断鞭策自己，生怕自己成为懒惰的人，竭尽全力想让自己成为一个没有缺点的人。但是，他们发现付出和回报不成正比，现实往往让他们失望。因为他们忽视了自己的长处，没有最大限度地发扬它。

　　每个人都有无可取代的特长，想要创造自己的未来，就需要善用自己独特的创造力，根据自己的特点塑造自己，充分发挥自己的才能。然而有时候很难确定自己的目标，对自己的优势不甚明了。泰戈尔曾说过："你看不到自己，你所见的仅是你的影子。"

　　那么，究竟如何善用自己的天赋，在竞争中取得胜利呢？我们在这里介绍一个"三规两可"的法则。

　　规律一：摸清自己的性子，再做事。

　　想要善用自己的天赋，首先要知道自己的天赋是什么，通过参加班级和学校组织的各项活动，和朋友的相处，和老师的交流，都可以帮助你最有效地了解自己。除此之外，有一些天赋测试和性格检测也可以帮助你，帮助你一定程度上了解自己的天赋。当你了解了自己的天赋，就等于把剑握在手里，加上锻炼和合理的方法，剩下的就是一击必杀了。

　　规律二：朋友是反映你的一面最好的镜子。

　　平时，身边的朋友对你的态度如向，与朋友的相处是否愉快？如果你有很多朋友，而且朋友与你相处会感到很轻松、很愉快，你也可以问问你的朋友们为什么喜欢和你在一起，或许是因为你诚实、正直、幽默、认真等。总之，这些都是你的优点，你能有好人缘。继续保持你的优点，让它给自己带来更多的朋友。所谓旁观者清，自己发现不到的优点，或许朋友都看在眼里。经常与朋友谈心，有助于更好地了解自己。诚恳地请求朋友们多给自己提意见，随时监督自己，在发现自身优点的时候，避免缺陷。

规律三：自省帮助你的天赋更好地运作。

古人云："吾日三省吾身"，这句古语之意就是做人一定要定期进行自我反省。青少年朋友或许不必做到一日三省，但每隔一段时间，就需要给自己留出一份空闲时间，思考一下自己这段时间的所作所为，哪些事情做得好，哪些事情还需要改进，其间自己做什么更加得心应手等。养成自我反省的好习惯，发现不足，发掘天赋，有助于更清楚地认清自己，也为更好地开展学习打好了思想基础。

一个可以：可以把天赋融入生活中。我们现在说的天赋，是对你的学习有帮助的天赋。比如你对数字敏感，那就可以用在理科学习当中，甚至在文科学习中也可以试着融入你的天赋，让你的强项帮助弱项，得到全面的发展。每个人的天赋不同，融入的方法也不同，了解了自己拥有怎样一把剑，就要学着练习最适合自己的剑谱，这样把天赋融入到学习中，才能体会到最大的快乐。

另一个可以：可以用天赋培养特长。天赋指的是天生拥有的擅长的东西，我们的父母从小就为我们选择很多学习班，希望培养我们广泛的兴趣和特长。事实上，因材施教，如果我们能够掌握自己的天赋，然后后天加以培养，势必事半功倍。在学习上，用自己的天赋让自己变得更强，也是一种不错的选择。就像哈佛大学没有全才，只有专才，这正是因为人的精力有限，只要做好自己最擅长的就是一种成功。

"条条道路通罗马"，世界上的领域众多，对人的要求各不相同，总会有一片天地适合自己飞翔。而一生中无论你怎样东奔西走，最终用来达到成功顶峰的还是自己的天赋。在努力学习和进步的同时，要发掘利用自己的天赋和长处，找准自己最正确的定位。如果能经营自己的长处，生命会因此增值；反之，人生将会贬值。

◎哈佛心理评估：你了解你的大脑吗？

1. 大脑中最后一个神经元产生于什么时间？

   A．出生之前　　　　　B．6岁　　　　C．18～23岁　　D．老年

2. 男人和女人在下列哪些方面存在天生的差异？

   A．空间感　　　　　　B．驾驶

   C．离开厕所前放好马桶盖，以方便他人使用

   D．A和B　　　　　　E．B和C

3. 下列哪些不可能改善老年人的大脑功能？

   A．吃富含脂肪酸的鱼　　　　B．定时锻炼身体

   C．每天喝一两杯红酒　　　　　D．每天喝一瓶红酒

4. 哪一项是克服时差的最好方法？

   A．到达目的地之后第二个晚上服用褪黑激素

   B．头几个白天不外出

   C．到达目的地的当天下午便外出

   D．开着灯睡觉

5. 大脑使用功率相当于：

   A．冰箱指示灯　　　　　　B．笔记本电脑

   C．空挡滑行汽车　　　　　D．高速公路上行驶的汽车

答案

1. D；2. D；3. D；4. C；5. A

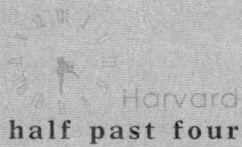

Harvard
half past four

第二章

劳逸结合才是管理时间的要义

抱怨是徒劳的——上坡路走起来总是辛苦的

人生是不公平的，习惯去接受它吧。请记住，永远都不要抱怨！

——哈佛知名校友、世界首富　比尔·盖茨

在哈佛，你到处都可以看到热烈讨论的场景，没有严肃，没有刻板和埋头啃书。就连课堂上也经常充满着各种发言。哈佛的学生餐厅，就像是一个可以吃东西的讨论室，每个人都兴奋地讨论着各式各样的话题，没有人抱怨学业繁重，压力巨大。每个学生边吃边看书或边做笔记，没有怨言，更没有萎靡不振的情绪。

在哈佛的校园里，既不见华服，也不见浓妆，更不见晃来晃去的身影，到处都是匆匆的脚步，这些学生几乎每天都在辛苦地学习，坚实地写下人生未来的篇章。的确，没有艰辛的耕耘，就没有人生的收获，在美国一些著名的中学里，高中生的学习压力与国内一样，都是非常大的。

哈佛的本科生，每学期至少要选修4门课，每年就是8门课。学校要求本科生在入校后的头两年，完成所有核心课程的学习，到了第三年，再开始学习主修专业课程。也就是说，在4年之内通过32门课的考试才能毕业。只有那些少数最聪明的天才学生，才可以在两三年之内读完这32门课，而大多数的学生，光应付这4门课就已经累得头昏脑涨了。教授在课堂上讲的飞快，根本就不管你听得懂还是听不懂，课下又要留下一大堆阅读材料，要是读不完，根本就完成不了作业。

而哈佛大学严格的淘汰机制，也给哈佛学生造成很大的学习压力。几乎每年都会有大约20%的学生，因为考试不及格或是修不满学分，不得不休学或者退学。在这种淘汰中，大约有20%的学生的考评，并不是在学习期末才完成的，而是每堂课都要记录发言成绩，平均要占到总成绩的50%。这就逼着学生不得不均匀用力，时时刻刻都不能放松学习。

就算如此，我们几乎不可能听到哈佛的学生抱怨自己的压力大，因为抱怨是徒劳的，虽然上坡路走起来非常艰辛，可是这恰恰是对人的意志的一种很大的挑战。但是只要能坚强地挺过去，那么以后即使遇到再大的困难，也都能够克服。而中国大学生一考入大学，就好像终于摆脱了束缚，把大多时间耗在了学习以外的事情上，在最该学习的时候却断档了。这就注定中国的大学生被甩得越来越远。

哈佛教授认为，学生在高中时代就要培养专注学习的好习惯，绝不能朝三暮四，克服"今天想干这个，明天想干那个"的毛病。我们可以从下面三点建议中进行借鉴：

1．认准自己的目标，坚持不懈执著地追求。

一旦选好目标，就不要为别人的某些成功所诱惑。在哈佛大学，无论是学习还是做任何其他事情，最忌讳的就是见异思迁。造成见异思迁的原因有很多，其中的一个原因，就是为别人的某些成功所动摇，使自己的努力方向发生改变。

2．不要因为一时不出成绩、没有效果而有所动摇。

许多人做梦都想尽快有所成就，这种心情是可以理解的。但是过于急切地盼望成功，却很容易使人走向反面。哈佛教授常常告诉学生，事实上，我们做任何事情，都有一个循序渐进的过程，任何走向成功的努力，都有一个水到渠成的问题。英国作家约翰·克里西曾经收到743次退稿，而这并没有动摇他成为作家的信念和决心，坚持写下去，终于取得最后的成功，出版了560多本书籍。如果他遭到这么多次退稿就退却了，也就不可能会有后来的成就。

3．不要怕付出艰辛，要舍得吃苦。

很多人羡慕爱因斯坦在物理学领域的杰出贡献，可是却很少有人会留意，在他的床下塞满了几麻袋的演算草纸。人们对哈佛大学无与伦比的声誉津津乐道，却很少有人去想哈佛校园里的莘莘学子，他们每个人究竟洒下了多少辛勤的汗水。因此，把羡慕别人成果变成催人奋进的动力，千万不要害怕付出艰辛，一定要下苦功，才能取得好成绩。

做过凸透镜聚焦实验的同学，都一定知道，夏日酷暑的阳光，是不足以使火柴发生自燃的。可是用凸透镜使分散的阳光聚集于一点，那么即使是冬日寒冷的阳光，也能使火柴和纸张燃烧起来。科学家把柔和似水的光汇集成一束，竟能变成无坚不摧的激光武器。你看，这样一来，竟然使光的作用和力量，发生了那么巨大的变化！

哈佛让学生知道："学习时的痛苦是暂时的，未学到的痛苦是终生的。"要想走向成功，就不能贪图安逸。哈佛一位教授对学生说，要想学我这门课，一天只能睡两个小时。而哈佛的博士生，每三天可能就要啃下一本几百页的厚书，还要按时交上阅读报告。哈佛学子就是这样拼搏的，他们没有任何抱怨，他们也没有时间抱怨。

人到底能有怎样的意志力？人到底能发挥怎样的潜力？能够投资未来的人，才是忠于现实的人。几千年以来，没有一个智者，对知识不是在痴迷中思考、在赎命一般实现自我雕琢。走在人生的上坡路上，如果你停步不前，就会被远远地落在后面，因为更多的人都在拼命赶路。可能就在你回望的一瞬间，他们就已经跑到你的前面，需要你重新去追赶。所以绝不能停下脚步徘徊，更没有时间抱怨。你只能不断向前，不断地超越。

绳锯木断、水滴石穿，即使最弱小的生命，只要把全部的精力都集中到一个目标上，也会取得成就。再强大的生命，如果精力分散，最终也是一事无成。无数的失败者并不是因为才干不够，而是因为不能集中精力、全力以赴。

一个人如果没有使大好精力东浪费一些、西消耗一点，把生命力中所有的活力都集中到一方面，那么他将来一定会震惊——自己的事业竟然能结出那么美丽丰硕的果实！

◎哈佛心理评估：你天生就是劳碌命吗？

被誉为"人生导师"的泰勒沐·沙哈尔博士说："奔波劳碌的人，总是把快乐的期望放在未来，却无法享受当下的幸福。"然而，在快速的生活节奏下，人们的压力也越来越大，难道想知道答案吗？赶紧来测一测吧！

倘若可以进行选择性失忆，你希望哪些事情从你的脑海中赶紧"移除"？

A. 曾经那段痛彻心扉的感情

B. 发生在自己身上的糗事

C. 自己所做过的错事

D. 遭人背叛的经历。

答案分析

选A：你天生就是劳碌命：因为总是不满足现状，想要得到更新、更多、更好的东西，所以此生都会为了自己想要的东西难以停下脚步休息。

选B：你对自己的要求很高，对权力的欲望也非常强。为达到目标必会付出毕生的精力，但你特别注重享受，所以自己会拿到好处。

选C：此生注定劳碌的会是你的头脑，你喜欢操心，思虑极深，因此总会让自己不自觉地陷进深思里。但在身体力行上却做得不够，在旁人看来你并不属于勤劳奋进一族。

选D：你是个很容易知足的人，对物质的要求不高，对待事物的原则性也不强。因此你不会像他人那样，为了自己的欲望而拼死拼活地去争，你的人生相对会过得比较轻松惬意。

哈佛人的枯燥与快乐

> 怎样思想，就有怎样的生活。
>
> ——哈佛知名校友、著名思想家　拉尔夫·爱默生

我们总是在抱怨自己的课业重、压力大，事实上，很多人都知道哈佛学生学的也一点儿都不轻松。对于任何人来说，知识的积累都面临着枯燥和反复，没有这种艰辛的行走，也就不可能有今后的飞跃。因此，哈佛的学生都能以苦为乐，对所学领域乐在其中。在哈佛学生的心中，燃烧着一种强烈的使命感，要在未来承担重要的社会责任。

哈佛人主张像狗一样地学，绅士一样地玩，要珍惜时间，要努力为实现理想而打拼，并不是要一味地拼命，也应该有适度的休息和放松。"狗一样地学，绅士一样地玩"，这个贴切的说法，揭示的道理是很深刻的。哈佛的学习强度很大，学生们每天都承受着很大的学习压力。但是他们并不提倡学生把所有的时间都用来学习，认为要在尽力学的同时，也不能忽视了玩。

哈佛的学生认为，课余生活的功能甚至要胜过正规学习。因为适度进行课外活动，不但不会荒废学业，而且还可以提高大脑处理信息的速度，适当地放松也可以使思路更加活跃，因此要"像绅士一样地玩"。在哈佛，除去紧张的学习生活之外，还积极参加学校组织的多种艺术汇演和各种社会文化活动，比如各种音乐会、戏剧演出、舞蹈表演以及各种艺术展览等，哈佛每年都要举办艺术节，以活跃丰富学生的业余文化生活。这些充满着浓厚的艺术氛围的文化活动，使学生得以在文化艺术的熏陶中，提高自己的艺术修养和审美能力。

劳逸结合，就是要求你在紧张的学习之后，能够暂时把它们完全忘记，然后就像投入学习那样尽兴地玩耍、尽情地放松。人在尽心休闲的时候，所得到的体力和恢复的精力，就会为下一阶段投入奋斗增添无穷的动力。所以在前进的路上，不仅要勤奋努力地学习，更要学会彻底的放松。

那些富有经验的园丁，往往会把树木上许多能够开花结果的枝条，有选择性地剪去，有人可能会觉得很可惜。但是，园丁们这样做，恰恰就是为了使树木能更茁壮地成长，使果实结得更饱满。否则，如果不忍痛将这些旁枝剪去而保留太多的枝条，那么将来的总收成，就要大大减少，果实的质量也要差很多。做人也像培植花木，青年学子们更不要把精力消耗在太多毫无意义的事情上，而应集中所有精力，全力以赴、埋头苦干，一定可以取得优秀的成绩。

要想成为才识过人、令人叹服的领袖，或者成为无人可及的优秀人物，就一定要排除大脑中杂乱无序的念头，忍受奋斗过程中的乏味与枯燥，并且能够享受彻底放松的快乐。一个人如果想在某个重要的方面取得伟大的成就，那么就要忍痛割爱，大胆地举起"剪刀"，把所有那些把人引向微不足道、平凡无奇的愿望全都"剪去"，因为那些看似丰富多彩的事，只能更多地分散人的精力。即便是那些已经有了眉目的事情，也一定要当机立断忍痛"剪掉"。

到处去凿浅井，何如用尽心力去凿一口深井呢？与其赞叹、羡慕和向往天才人物的成功，不如培养如何集中注意力。很多成功的人在一生中能够成就一项事业，其中有一个重要的素质，就是善于集中注意力，能够在枯燥的奋斗中，专心致志地做好一件事情，在枯燥的专注中，专心致志地努力进行刻苦的学习和研究。

毕业于哈佛大学，美国历史上的第一位华裔内阁成员、前劳工部部长赵小兰，谈到她在哈佛的经历时深有感触。当智慧勤奋的赵小兰插班进入哈佛商学院三年级时，她连一个英文单词都不会，每天只能把黑板上的所有内容抄下来，晚上再由父亲把所有内容译成中文，这样才能弄明白课程内容。父亲还得为她补习英语，那时每天真是战战兢兢，因为教室如战场，老师上课并不讲课，甚至没有教科书，每天都要给大家发三项课题，每项课题都描述一个有问题的公司。学生需要做的功课，就是要了解问题、分析问题，然后想办法解决问题、提出建议。如果学生没有充分准备，可能每天都不敢走进教室，因为一旦被教授指名，就必须面对铁面无私的教授做出回答，虽不严刑拷打，但教授那锐利的目光，射在任何人的身上都会让你犹如芒刺在背。

商学院的课程，每天只有6小时，但是所有的课程都相当的复杂，准备起来至少要花10个小时。哈佛就是这样训练学生，在混乱中把问题整理出来，自己先归纳演绎得有条有理，然后大家再一起参与讨论寻求解决途径。每天下课后，赵小兰都要赶到图书馆去找资料，花上两到三个小时才能组织起来，三项课题经常做到凌晨一点以后才能入睡。

哈佛商学院的教授最注重学生的"临场表现"，学生的成绩主要取决于讨论课题的参与度，因为教授认为那些有效率的企业家和生意人，都需要与人沟通。在哈佛的学习生活，真可谓既惶恐又兴奋，赵小兰几乎连睡觉都在琢磨着那些难解的课题。严格的训练，会使学生对问题的探讨越来越深广周密。如果在班上参与讨论的成绩卓然，教授当然会另眼相看，诸多的嘉勉和鼓励，使赵小兰在哈佛枯燥的学习中收获了莫大的快乐，这使她更不愿意放松片刻，保持着优异的成绩。

哈佛的教授都非常优秀，他们中很多人还兼任公司顾问，理论与实际经验都非常丰富。在哈佛大学的艰苦历练，培养了赵小兰的领导才能，使她成为处事能力很强的干练女性，在毕业典礼时，哈佛硕士赵小兰被学校选为毕业生游园的领队及班长。这是哈佛大学有史以来，第一次将此项极高荣誉赋予东方女学生。她带着这份特殊的荣誉走出校门，充满信心地进入了社会。

正是这种锲而不舍的精神，使赵小兰从一个不认识ABC的小女孩起步，最后成为美国历史上首位华裔内阁成员、劳工部长。哈佛那段虽枯燥却快乐的金色年华，孕育了赵小兰的辉煌人生。

无所事事的人，即使给他一座金山，也早晚会有坐吃山空的时候。成功的人未必是完美的，但他们有一项特质是一般人所没有的，那就是专心致志与勤奋。很多人都想找一条通向成功的捷径，当几经辗转之后，才发现"勤"才是成大事的要诀。是的，天道酬勤，在每个成功者的身上，几乎都可以看到辛勤工作、努力学习的好习惯。勤奋学习，努力工作可能令人感到枯燥，却会使青年人如虎添翼。笨鸟先飞尚可领先，辛勤的劳动，必然会有丰厚而快乐的人生回报。

◎哈佛心理评估：测测头脑的灵光度。

1．芭拉家共有8人，其中有6人会下象棋，5人会下围棋，4人会下国际象棋。问3种都会下最多有几人，最少是几人？

2．艾特每分钟跑3圈，安东每分钟跑2圈，亚森每分钟跑1圈。3人同时起跑，问多少时间后重新相会在起跑线上？

3．一个人生于公元前10年，死于公元10年他生日那一天，这人活了多少岁？

4．布鲁发现400米的圆形跑道上，跑在达伦前面有5个人，后面也有5个人。总共有多少人参加万米决赛？

5．班主任让全班同学站成一排，一次又一次地让奇数位置的人往前站，最后让剩下的两名同学做节目主持人。已知班上有50人，卡拉想做节目主持人，应站在什么位置上？

6．克里斯回家，前一半路程乘汽车，比平时骑自行车快4倍，后一半路程步行，比骑自行车慢一半。克里斯这次回家用的时间比平时少吗？

7．汉纳家共4口人，年龄之和是73岁，父亲比母亲大3岁，汉纳比妹妹大2

岁。4年前全家的年龄之和是58岁。每人年龄是多少岁?

8．一杯咖啡，一杯牛奶。从牛奶杯舀一勺牛奶倒入咖啡杯。然后再舀一勺混合的咖啡牛奶倒入牛奶杯中。牛奶杯中的咖啡多，还是咖啡杯中的牛奶多?

9．哥哥缺5角钱，弟弟只缺1分钱。两人把钱合起来买一本小说仍然不够。这本书的价钱是多少? 兄弟俩各有多少钱?

答案分析

每题2分:

1．最多为4人。最少没人。

2．1分钟后。

3．19岁。

4．6人。

5．站在第1号或第33号的位置上。

6．不是少而是多。

7．34岁、31岁、5岁和3岁。

8．一样多。

9．这本书5角钱。哥哥没钱，弟弟有4角9分钱:

18分: 反应能力超常、快速。

10～16分: 反应能力优秀，镇定自若。

2～8分: 反应能力一般，往往不知所措。

0分: 反应迟钝，总是墨守成规。

没有正确的答案，只有正确的时间

那些最能干的人，往往是那些即使在最绝望的环境里，仍不断传送成功意念的人。他们不但鼓舞自己，也振奋他人，不达成功，誓不罢休。

——世界潜能激发大师　安东尼·罗宾

　　此刻打盹，你将做梦；而此刻学习，你将圆梦。哈佛大学的老师经常这样告诫学生：如果你想在进入社会之后，在任何时候、任何场合下，都能得心应手、得到应有的评价，那么在哈佛的学习期间，你就没有晒太阳的时间。在哈佛有一句格言广为流传，就是"忙完秋收忙秋种，学习，学习，再学习"。每个人的时间和精力都是有限的，所以，要充分利用时间抓紧学习，而不是将大把的业余时间用来打瞌睡。

　　有的人可能会说："我只是在业余时间打盹而已，既然是业余时间，干吗要把自己弄得那么紧张呢？"可是爱因斯坦却说："人的差异就在于业余时间。"一位哈佛教授说，只要知道一个青年人是怎样度过他的业余生活，就能预见这个青年会有怎样的前程。

早在20世纪初，在数学界曾经有这样一道难题，那就是2的76次方减去1的结果，并不是人们所猜想的质数。很多科学家都在努力攻克这个数学难关。后来有一位叫做科尔的科学家，成功地运算和证明了这道难题。人们在纷纷惊诧和赞许之余，向科尔问道："您论证这个课题要花多少时间？"科尔说："三年中所有的星期天。"

加拿大的医学教育家奥斯勒，也是利用大量的业余时间进行研究，从而成功地研究了第三种血细胞，对人类做出很大的贡献。他从繁忙的工作中，每天在睡觉之前挤出15分钟的时间读那些必须读的书，不管忙碌到多晚，都坚持这一习惯，整整坚持了半个世纪，总共读了1000多本书，最终取得了令人瞩目的成绩。

青春期的我们拥有看似用不完的时间，但我们必须谨记，自己正在荒废的今日，却正是那些昨日殒身之人所祈求渴望的珍贵明日。然而更多的人，却只看得到成功者表面的风光，却忽略了他们背后付出的辛苦。要知道，台上一分钟，台下十年功，成功不会从天而降，而是必须从一点一滴做起，从零开始逐渐累积而来。

马利欧是马利欧企业的创始人，多年来，他每天几乎都要工作18小时。他说："每周只工作40小时的人，是不会太有出息的。"卡尔森企业集团的老板卡尔森，拥有全世界最大的旅行社和著名的瑞森大饭店。《福布斯》杂志估计他的财产有5亿美元之多。而他就是勤奋致富的典范，从推着自行车卖奖券起家，一直做到首屈一指的大富豪，可谓是从枯燥工作步入快乐人生的传奇人物。他在工作中，从星期一到星期五保持竞争力不落人后，而星期六与星期日则拿来超越他人，卡尔森就是这样一个工作狂。

明天再美好，也不如多做点眼下的实事。闻名于世的约翰·霍普金斯学院，有一位著名的创始人威廉·奥斯勒，他是牛津大学医学院的讲座教授，曾经被英国国王册封为爵士。他在年轻的时候，曾为自己的前途感到迷茫与困惑。他读到这样一句话："最重要的是不要看远方那些模糊的事，而是做好手边清楚的事。"这句话使他豁然开朗，给了他很大的启发。

珍惜眼前的每一分每一秒，也就是在珍惜所拥有的今天。在哈佛大学获得荣誉学位的科学家、发明家本杰明·富兰克林，有一个年轻人希望向他求教，在电话中与他约好见面的时间。本杰明的房门大敞，年轻人如约而至，看到房间里乱七八糟、一片狼藉。年轻人很意外，本杰明立刻招呼道："你看我这房间太不整洁了，请你在门外等候一分钟，我收拾一下再请你进来。"然后他关上了房门。还不到一分钟，本杰明就再次打开了房门，年轻人的眼前一亮，看到刚刚还很杂乱的房间，已经变得井然有序，而且还有两杯倒好的红酒荡漾着微波，发出淡淡的香气。年轻人在诧异中接过本杰明递来的酒杯，本杰明却非常客气地说道："干杯！"然后又说："你可以走了。"年轻人一下子愣住了，带着一丝尴尬，遗憾地说："可是，我还没向您请教呢？"本杰明一边微笑一边扫视着自己的房间，说："难道这些还不够吗？而且你进来有一分钟了。"年轻人若有所思地说，"哦，我懂了，您让我明白一个深刻道理，一分钟的时间可以做许多事情，也可以改变许多事情。"

有时觉得为时已晚，恰恰可能是最早的时候。如果今天不努力，那么明天必定会遭罪。成功与安逸常常是不可兼得的，现在流出的口水，很有可能会成为明天的眼泪。在哈佛大学从来看不到任何学生在偷懒，也没有谁会在那里消磨时间。处在知识爆炸的信息时代，人们常因繁重的学习工作而紧张忙碌。如果想调剂生活，就必须有效利用时间，以最短的时间做更多的事，剩下的时间就可以休闲放松了。因此，善于利用时间，就可以完成许多事情，拥有轻松自在的生活。这就是社会上那些著名的企业家、政治家，为什么每天有那么多事情要处理，却还能将时间安排得有条不紊。不但能阅读喜欢的书籍，还能以休闲娱乐来调剂身心，甚至还有时间带全家出国旅行。就是因为他们比别人更善于利用时间，并将它有效运用。

可能你不如别人那样富有，但是你拥有和别人一样多的时间。时间对于每个人来说都是公平的，你每天拥有的时间都是24小时。但是有人懂得珍惜，有人却暴殄天物。人生没有回头路可走，人生的时间却是有限的，所以对时间挥霍，是对生命最大的浪费，我们无法找回曾经浪费掉的光阴。

浪费的时间永远无法追回，但是，如果学会高效利用时间，就能在有限的时间里做更多的事情。凡是在事业上有所成就的人，几乎都是惜时如金的人。

每个人都有足够的时间，做好那些必须做的或者最重要的事情，尽管很多人看起来非常忙碌，并不是他们有更多的时间，而是这些人更善于利用时间。

◎哈佛心理评估：测出你四周的同学谁才是真正的野心分子。

生日的时候你收到一盆漂亮的仙人掌，你会把它摆在哪里呢？
A．放在门前　　　　B．放在窗户边　　　　C．放在床头　　D．随意放

答案分析

选A：野心指数★

战胜别人并不难，你要能战胜自己！你不喜欢变动和挑战，希望和谐、安定，个性随和，常会迎合别人，内心极易感到满足。会在稳定、安逸的环境中扎扎实实地做下去。缺少欲望就会缺少斗志，没了斗志，你的成绩很容易下滑。

选B：野心指数★★

蛮多宏伟的理想，喜欢在同学、老师面前畅谈宏图大志，想让人觉得你有追求、能进取。但你的理想只停滞于想和说的阶段，你只会空想，不是野心家。要想实现理想，就拿出你的行动力吧！

选C：野心指数：★★★★

欲望强烈，有掌控一切的欲望。这种野心所产生的动力，会让你以身作则，享受学习给你带来的成就感。但你不要自以为是，先做好自己该做的事，与同学相处时也应圆融些，总会有发光的一天！

选D：野心指数★★★★★

知道自己想要什么，也从不会满足。你的野心就像无底洞，永远无法把它填满，只要你想要，即便赴汤蹈火也会奋力争取。欲望太强，注定你劳碌一生，错过人生许多风景。不畏挑战信心十足，自然会让事业发展得如日中天。

奢侈不是年轻的主题——从浪费时间的泥潭中走出来

> 使时间充实就是幸福。
>
> ——哈佛知名校友、著名思想家　拉尔夫·爱默生

在哈佛大学，师生们都有这样一种共识：每天都有点滴的进步，不仅能让自己的内在潜能得到充分发挥，也能为自己积累成功的资本。的确，如果我们不去努力，总是原地踏步，那么一生也不会有大的成绩。哪怕你天资卓越，最后可能也不过是个庸才，毫无作为。

今天不走，明天就要跑。我们很多时候都说要珍惜时间，但是，当回顾自己的所作所为时，很多人却又抱怨自己浪费了时间。那么，什么是真正意义上的珍惜时间呢？怎样做才是珍惜时间？珍惜时间，就要珍惜分分秒秒、一点一滴，就要从今天做起，从此刻做起。与其抱怨过去虚度光阴，坐待明天的到来，何不奋起努力，把握今天？

把握住今天，让自己努力前进，做到这点并不难，只要每天肯用心付出一点点时间来充实自己。哪怕每天只是一小时，积累下来，你所取得的成就也会让人称奇的。但是，在当今这个生活节奏加速的时代，人们每天都没有充裕的时间做完想做的事，许多好的想法也就无法实行了，比如说老师布置了一道作业题，你可以用更好的方法解出来，但是接下来的好多科目都有许多作业，你在忙碌之余也忘记了自己的新想法，最后也就不了了之了。

哈佛的教授则更加注重自己每天的不断进步。有的哈佛教授已经获得了诺贝尔奖，却仍在孜孜不倦地学习、工作；有的教授已年逾古稀，却还仍坚持到实验室做研究。而作为成长中的年轻人，就更没有理由让自己止步。

世界最大的化学公司——杜邦公司的总裁格劳福特·格林瓦特，每天都挤出一小时来研究蜂鸟，用一种专门的设备为蜂鸟拍照。后来他写的关于蜂鸟的书，被权威人士称为自然丛书中的杰出作品。

在快节奏的现代生活中，人们似乎很少有充裕的时间，来完成那些想要做的事，所以有许多计划也就此搁浅。但是世界上仍有人每天至少抽出一小时，用坚定的意志来"投资"自己的兴趣与爱好。事实上，往往那些越忙的人，越能挤出这珍贵的一小时！

一位名叫尼古拉的希腊籍电梯维修工，他对现代科学很感兴趣，就利用每天下班后到晚饭前的一小时，来攻读核物理学方面的书籍。随着知识的不断积累，一个念头悄悄跃入他的脑海，提出建立一种新型粒子加速器的计划。这种加速器比当时其他类型的加速器的造价便宜，而且更强有力。他把计划递交给美国原子能委员会，经过实验和改进，这台加速器为美国节省了7000万美元。为此，尼古拉得到了1万美元的奖励，被聘请到加州大学放射实验室工作。

在人生的道路上，当你停步不前的时候，有人却在拼命地赶路。也许当你站立的时候，他还在你的后面向前追赶，可是当你再回头张望，却已看不到他的身影，因为他已经跑到你的前面，需要你去追赶他了。所以你不能停步，要不断向前、不断超越，使自己不断进步，最终到达胜利的彼岸。

富兰克林曾说："你热爱生命吗？那么别浪费时间，因为时间是组成生命的材料。"他还说："失败与成功的最大分水岭只有五个字——我没有时间。"

富兰克林就是一位非常珍惜时间的人，他对别人占用他的工作时间非常不满。有一天，在富兰克林所在报社的商店里，有位犹豫了将近一小时的男人终于开口问店员："请问这本书要多少钱？"店员回答："1美元。"男人又问："你能给算便宜一点吗？"店员以坚定的口气说："很抱歉！它的定价就是1美元。"

过了一会儿，男人又问："请问富兰克林先生在吗？"店员告诉他说，富兰克林正在印刷室中工作，但他却执意要和富兰克林见面，店员只好去请富兰克林到商店里来。

富兰克林出现后，男人便问："富兰克林先生，这本书的最低价是多少？"富兰克林不假思索地说："1美元25美分。"那男人听了大吃一惊："可是就在一分钟前，店员说只要1美元。"

富兰克林回答他说："没错，但是我情愿倒贴你1美元，也不愿意离开我的工作。"言下之意，是那个男人占用了他的时间，所以须要多付出25美分。

那男人愣了一下，又说："好吧，你说这本书最少要多少钱呢？"富兰克林毫不妥协地说："1美元50美分。"男人一听，不禁大喊道："怎么又变成1美元50美分了？你刚才不是说1美元25美分的吗？"

富兰克林冷冷地说："对，不过这是我现在能出的最好价钱。"这个男人不再说话，默默地把钱放在柜台上，拿起书离开。"时间就是金钱"，富兰克林为这个习惯于浪费时间的男人上了一堂生动的课，令他终生难忘。

成功者与失败者的明显差异，就在于如何安排时间。很多人往往认为几分钟或是几小时并没有太大的不同，但事实上，即使只有一分钟，也能发挥很大的作用。

在青少年时代，我们对于光阴的流逝很少会有感触，但是随着年龄的增长，时间对我们的价值就变得越来越高。尤其是在逢年过节，总会有"韶华不为少年留"的感慨。

管理学大师彼得·杜拉克曾说过："不能管理时间的人，便什么都不能管理。因为时间是世界上最短缺的资源，除非严加管理，否则就会一事无成。"

巧妙地管理时间，实际上就是与时间赛跑，就要快速、加速和变速，只有那些敢于奋起直追的人才能真正理解和把握。琳达·迈尔斯是一家顾问公司的老板，她每年都要接下130个案子，大部分时间只能在飞机上度过。为了和客户保持良好的关系，所以在飞机上她经常给客户写邮件。她说："我已经习惯如此了，这有什么坏处呢？"一位旅客对她说："我注意到你一直在写邮件，你的老板一定对你非常满意。"

迈尔斯微笑着回答："我就是老板。"

浪费时间的人就等于是在慢性自杀，珍惜时间就是珍惜生命。抓住生活中的分分秒秒，不图清闲、不贪逸趣，才能干出一番事业。明智而节俭的人，总是把人的精力和体力，当做上苍赐予的珍贵礼物，把点点滴滴的时间都看得那么神圣，绝不会胡乱地浪费掉，以最高效率来运用时间。有效地管理时间，还可以创造一个"时间特区"，比如为了避开交通高峰上下班，可以早到或晚走，以减少在路上的等待。有位高层管理人士兴奋地说："深夜开车是最棒的，因为那时路上的车很少。"

◎哈佛心理评估：识别自己的谈吐功力。

曾任哈佛大学校长的伊勒特说："在培养一个上流人士的教育中，有一种训练是必不可少的，那就是优美而文雅的谈吐。"的确如此，在人与人交往的时候，恰当地使用一些语言不但可以让你和他人的沟通更加顺畅，还能使你的谈吐更加动人。言谈也是评价一个人的重要根据，来测一测吧！

请将下面的形容词补充到句子结尾处。

1. 雨下得
    A. 倾盆大雨——第2题   B. 阴雨绵绵——第3题

2. 吃饭都
    A. 狼吞虎咽——第4题   B. 细嚼慢咽——第5题

3. 走路走得
    A. 急急忙忙——第5题   B. 不慌不忙——第6题

4. 说话
    A. 含糊不清——第7题   B. 叽叽喳喳——第8题

5. 站在喜欢的人身边心就

    A. 不知所措——第7题   B. 扑通扑通——第9题

6. 想起快乐的事就

    A. 傻笑——第8题   B. 微笑——第9题

7. 在鬼屋里觉得

    A. 全身颤抖——A型   B. 发寒发毛——B型

8. 和尚的头

    A. 光得发亮——B型   B. 滑溜溜的——C型

9. 压力沉重得

    A. 让人焦虑——C型   B. 精神不振——D型

答案分析

A型：你的语言表达能力不是一般的优秀，是个天才型演讲高手。通常让你表达意思，你几乎不假思索就能张口就来，对于你经历过或是令你感动的事情，你更加能够活灵活现地用语言表达出来，令人听得津津有味。

B型：你谈吐幽默、擅长逻辑，有相当的语言组织能力，你是思维型的谈话者，与其说你天生好口才，倒不如说你后天勤奋。你的特长是将话题内容加以整理，然后再简洁有趣地说给大家听。同一话题反复讲述之后，你的口才技巧就变得更棒。

C型：中国的对口相声一个是逗哏，一个捧哏：你就是那个捧哏的。作为一个搭配高手，一个人说话时可能不怎么有趣，一旦有个与你志趣相投的人在场，你就能发挥优势，好像说相声一样，一搭一唱把气氛弄得很热乎。

D型：能说会道在交际中固然十分重要，但会倾听也是生存之道。在唇枪舌剑的战争中，你的王道就是当个温柔贴心的倾听者。你的耐心使别人觉得轻松自在、解除心防，大家都愿意将心事说与你听，你自然就成为让人信赖的人。

Harvard

half past four

第三章

学会思考比学会知识更重要

哈佛关于思考的四条建议

经常性地检视自身，经常性地寻找自己的过失进行反省，这样每个人都能掌握自我完善的秘方。毕竟，自己找到的错误，自己也会更容易接受，纠正起来也会比较快。

——哈佛心理学教授　威廉·詹姆斯

思考，是人类大脑最重要的功能之一。青少年时期的我们，大脑经常处于高度运转的状态，在学习的过程中，只有懂得如何思考，才能更有效地学习新的知识，总结学过的知识。在长远的人生中，也只有懂得思考的力量，才能获更加精彩的成功。

哈佛大学之所以享誉盛名，就是因为培育了无数的成功人士，而他们之所以能够成功，就是因为哈佛大学教给了他们与众不同的思考方法。哈佛总结提炼了四条最有效、最实用的优质思考方法，本文在此基础上加以延伸和扩展，使这些思考方式本土化，以立足于国情，更好地帮助中学生开发智力。

第一条：哈佛创新思考术

什么是创新思维呢？创新思维是指运用已有的知识和经验，来增长和开拓全新领域的思维能力。也就是要在思维领域中追求最佳、最新知识独创的思维。正如爱因斯坦所言："创新思维只是一种新颖而有价值的、具有高度机动性和坚持性、能清楚地勾画和解决问题的思维能力。"创新思维能够在学习和实践中不断培养和发展。

作为高中生，想要拥有创新思想，首先要培养独立思考的能力。就是能拥有自己的思维和想法，而不是人云亦云。人性中普遍存在两个相反的特质，都阻碍人积极思考。一个是轻信，一个是凭借自己的经验对新生事物加以否定。这两个特质就像两个极端，都是不可取的。一个独立思考者要成为思维的主人而不是奴隶，开动脑筋用事实说话，而不是主观臆断和凭空猜测。

其次，要培养自己的独创性，要拥有探索未知和新鲜事物的勇气。创新，就不能拾人牙慧，而是要解决实践中出现的新问题、新情况。独创性让你更容易脱颖而出，这是区别你和他人的标签。一个想具有创新思维能力的人，就要有坚持不懈的探索精神。

第二条：哈佛转换思考术

思维一换天地宽。转换思维是指对待事物，不能只用一种角度观察思考，而是转换思维分析和解决问题。转换思维能让我们的人生视野变得更积极、更开阔，还能通过转移别人的视线，达到自己的目的。

1. 从不同角度分别观察这些侧面，就会得到不同的认识，即使对于同一事物的同一侧面，不同的人也会有不同的认识。当我们处在不同的角度时，看到的风景是不一样的。

2. 事物不是孤立存在的，都是有联系的，每种事物都是客观世界的一个环节，要与周围的环节紧紧相扣，要联系周围不同的事物去观察思考，得到的认识才会有新的感悟。

3. 事物的发展存在各种可能性而不可预测，常常发生令人意想不到的改变。所以我们需要特别注意捕捉事物发展趋势不明显的可能性。

第三条：哈佛逆向思考术

逆向思维就是要逆着潮流而动，反其道而思之。凡是对人对事不是以通常的顺序思考，都叫逆向思维。狭义的逆向思维是指对司空见惯、已成定论的事物或观点，反过来进行思考的思维方式。敢于"反其道而思之"，就会让思维走向对立的方向，从问题的相反面深入进行探索，从而树立新思想，创立新形象。

逆向思维就是反过来思考问题，用大多数人想不到的思维方式进行思考，以"出奇"去"制胜"，结果常常会令人大吃一惊、喜出望外。逆向思维是从改变习惯看法入手，不按常理出牌，常常会找到很好的成功机会。

儿童玩具都应漂亮、天真、可爱、赏心悦目，然而美国有一个玩具商却打破规则，生产丑陋的玩具而大获成功。原来这位玩具商看到几个小孩，正在津津有味地玩一只奇丑无比的昆虫，才知道"原来小孩并不是只喜欢漂亮的玩意儿"。他的丑陋玩具一经推出，立刻在市场上独领风骚。

要培养逆向思维，首先要学会观察。拥有逆向思维的人往往拥有独特的观察力，所谓观察相同，构想不同。不同的人的观察视角不一样，在面对同样一个情景时的观察结果也就不一样。想到别人想不到的思路，首先就必须学会观察，学会用不同的眼光来看待问题。了解到大众如何观察、如何思考，才能另辟新路，开拓创新。

除了学会观察，还要了解事物的矛盾辩证关系。事物本身处在庞大、错综复杂的关系网中，互相依存、互为因果。"福兮祸之所伏，祸兮福之所倚"，事物也在不断发展变化中。比如按高矮的次序排队，从左到右和从右到左，看到的就是正反不同的两种关系。

在向导的带领下，一群游客在美洲草原上旅游和观光。不料，草原燃起大火，很快蔓延开来。眼看就要这么坐以待毙，这个时候向导大喊："大家不要慌，听我的！"

向导首先要大家拔掉干草，清出一块空地来。自己却迎向大火，自己在脚下点起了火。向导身边立刻升起一道火墙，同时向三个方向蔓延开来。奇怪的是，火墙并没有顺着风势烧过来，而是迎着扑过来的火苗烧了过去，当这两个火墙碰到一块，火势骤然减弱，然后渐渐熄灭了。

第四条：哈佛发散思考术

美国心理学家吉尔福特，在"创造力"为主题的演讲中提出了"发散思维"的概念。发散思维又称为辐射思维、扩散思维，是指人在思考问题的时候，思维会以某个点为中心，沿着不同方向、不同角度向外扩散的一种思维方式。拥有发散思维的人，思维就如同旭日东升，中心明亮火热，向四周放射出耀眼的光芒。这种光芒没有束缚，是完全开放的一种思考术。

发散思维为思考者开辟了一条广阔的道路，能让人变通，不局限于一种思路、一种角度，是进行发明创造、技术创新不可缺少的思维方式。创新发明如同大海捞针一样，只能向各个方向摸索探寻。探索的方向越广，最终找到针的可能性也就越大，所以说发散思维是立体的、多维，也是创新思维最明显的一个标志。

比如，一辆普通的自行车有何用途？你也许会说出交通、休闲运动、搬运东西、比赛、休息的靠垫……但是如果用发散思维来仔细联想，就会发现它新的用途：马戏表演的道具、晒被子、活动的小摊点、锻炼身体的哑铃、礼品、奖品等。

面对已经确定的问题，再以这个问题为中心，向各个方向做辐射状思考，不拘一格探寻各种各样解决问题的方法。

一只甲虫在一个篮球上爬行，它看到的世界都是扁平的，所以它永远都不知道，自己是在一个有限的球面上爬行着。然而，如果飞来一只蝴蝶，就会一眼看出甲虫是在一个小小的篮球上爬行，因为蝴蝶的视觉就是立体的。所以发散思维，就是要像蝴蝶那样，从多角度、多方位、多层次、多方向地考察研究，真实地反映事物的构成关系的一种思维方式。

◎哈佛心理评估：我们一起来验证一下你的思考能力如何。

哈佛大学的毕业生、美国著名学者爱默生有一句名言："你，正如你所思。"思考能力是影响人生发展的核心力量，一个缺乏思考能力的人，永远都无法成功。

当你还是个小孩儿，或者，你现在正是一个小孩儿，好像总觉得大人的世界好广阔，又自由自在，真希望自己能快一点儿长大。那么在你心中，最羡慕大人的是什么？

A．不必考试； B．穿着打扮； C．可以为所欲为； D．权威感。

答案分析

选A：你的想法与别人很不相同，会考虑到事情的其他方面。从不同方面来看，又是另一个风景，但那不是一般人会想到的地方。所以如果没有知音，你可能要一人独立与团体奋战，这是一件相当艰辛的工作。也许你会放弃沟通，循着多数人走的路而行，可是无形中，少数服从多数，就会把很多独特的想法和人才给扼杀掉。

选B：你会想到问题的细节，当多数人已经掌握大方向之后，你加入的意见可以让案子做足一百分，达到完美的境地。可是，一开始当大家热烈讨论的时候，或许不明白你为什么一定要把蓝图上的每个小细节都规划清楚，才肯作罢。有你在的会议，常常可以见到鸡同鸭讲的热闹景象。

选C：你虽然不是会议中的头头，不过你的吸收力很强，可以迅速了解别人在说什么，经过消化之后，转化成你熟悉的做事程序。所以乍看好像闷闷的，什么都不懂的样子，其实你早就在心中有一套完整的方案，一步一步将计划完成，让所有人都叹服你是心中有数的人。

选D：与选A的人恰好相反，你在思考一件事的时候，会先找出最主要的宗旨，确定施行的范围之后，才开始进行大纲的架构。所以你很快就能进入状态，对事情的全貌有清晰的概念。不过，你的性子比较急，决定了方向之后，就认为已经完成了大半，接下来的冲劲儿就不如最初那样，执行力变差，完成度也不如预期。

睡前五分钟向自己提出问题

> 我这一生不曾工作过，我的幽默和伟大的著作都来自于求助潜意识心智无穷尽的宝藏。
>
> ——美国著名作家　马克·吐温

　　青春期的年龄，正是年少轻狂冲动时候，不管做什么似乎一切都是理所应当。这个年纪，每当我们做错了什么，都会习惯性地为自己的所作所为找借口。错误不断，却强词夺理，内心不甘示弱，一味逞强不愿谦卑，丑陋呈于事实，却是自酿的愧疚。忠言逆耳利于行，一阵不安，引出内心的惭愧，不得不承认是自己的过失。于是，不经意中才发觉，自己已经变了太多太多。

　　学会自省，是走向成熟的第一步。一个懂得经常自我反省的人，才能在不断的自我修葺中更加完善、成熟。一些简单的思索，会唤醒内心沉睡的思绪。犯错，是人类无可避免的一种缺陷，每天坚持清理自身的负面因素，把自己不断地融合在充满了阳光与朝气的正能量理念中，才能像春天的小树那样欣欣向荣。

　　米勒在一家私人公馆做园丁，但近一段时间，他却从其他工作人员的口中听到，公馆的主人似乎有换园丁的想法。米勒一时间变得格外沮丧，便趁着休息日找好朋友乔伊出来喝酒。听了米勒的抱怨之后，乔伊问道："你知道他为什么要换掉你吗？"米勒说："我承认我有些懒，有几天没有好好整理草坪，花也没有好好修剪。但一听到这个消息，我更没精神去整理了。"乔伊摇摇头说："不，我的朋友。你虽然在反省你的错误，可你没有行动起来。你的主人看不到你的变化，他还是会换掉你的。你倒不如积极行动起来，改变他之前对你的印象。"

米勒对乔伊的话半信半疑，但他还是按照乔伊所说的那样去做了。每天，他都认真地将草坪整理一番，将庭院里的花也精心修剪一次。一段时间后，米勒开心地告诉乔伊，主人为他加了薪，同时又和他签订了3年的劳动合同。

自省是一种思想的梳理，对自我行为的思考。如果不想成为生活的奴隶，那么就要懂得经营管理自己的思想。任何不切实际的幻想，都不如用实实在在的勤奋充实每一天。少点怨言，多些努力，少点狭隘，多些理解。年轻人就是要能清楚地为自己的人生负起责任，这才是给生活最好的交代。人生哪有不劳而获？那些发光的金子，只能留给那些坚韧不拔的人。所有急于求成的结果，就是诱导失败。

在学校，我们学着同样的课程，做着一样的作业，但是有些人只是看似忙碌，有些人却在看似平凡的忙碌中，隐藏着不一样的执著认真。面对学习比自己优秀的同学，我们要明白人外有人天外有天，只有多了解别人的优点，从优秀的人身上吸取更多的优点，才能不断提高自我。高中的生活何其忙碌，如果光顾着自怨自艾，或者妒忌自卑，那你这三年注定是不会有太大成长的。只有那些懂得自省、自信的人，才能勇敢地征服命运。当我们俯瞰别人的时候，也在被别人俯瞰着。每个人都有一本无字天书，这本书中藏着上帝赐予的宝藏，是上帝给每个人的同等待遇。人生有没有收获，重要的是自身是否愿意去努力挖掘。那些协助我们成长的人，用他们一路走来的实践与经验，来帮助和拯救我们还未能站稳脚跟而居无定所的灵魂。如果能够明白，那是一种人生最大的恩惠，我们就会少走许多的弯路。所以一个人要学会感恩，更要学会思考，将这些珍贵的人生理念藏入生命的核心。

如果每天晚上临睡前，都能抽出短短的5分钟时间，来进行一天的总结，反问自己在这一天里，究竟学习掌握了哪些知识？哪里做得比较出色？哪里还需要调整和改进？还做了什么有益于进步的事情？明天需要怎样进行自我调整？在哪方面还需要认真加强？等等。这样，对于一天学习和工作的完成、自身素质的提高都非常有益，还能及时发现问题，并使自己的思维方式不断扩展。

每天留出一点时间来思考，思考自己在做什么、做的对不对、能不能做得更好，这对个人的未来发展和成长都有很大的帮助，是非常必要的。每天睡前不妨这样向自己提出问题，冥想这些问题，会带给你继续前进的力量，也会带给你不一样的好心情。

1. 我拥有什么？

2. 我想得到什么？

3. 今天我都做了什么？

4. 今天我还有什么该做的事情没做？

5. 对什么事应该心存感激？

6. 有没有做错什么？

这样每天睡前5分钟进行的一个小结，小小的一个习惯会把你带入高效有序的工作状态中。就像是筑起成功堡垒的一块块砖头，日积月累，就会让你体会到什么是轻松自如。

哈佛大学教给学生的，不是真理，而是发现真理的方法。哈佛想要教给学生的是，如何自我反省让自己进步。你还要带着深刻的责任感来运用它，这就要求你的意见一定是真实、严肃，并能够为行动提供基础保证。

林肯接见一群牧师，有人问："在这个紧张的多事之秋，一想到上帝站在我们一边，是不是会感到些许的慰藉？"可是让牧师们感到惊愕的是，林肯的回答是，自己没怎么想过这个问题，又补充道："我想知道的是，我们是不是站在上帝一边。"

如果我们能像上帝一样，每天都能看清自己、理顺自己，渐渐也就会看清周围的事物，以及与它们之间的复杂关系。如此，我们面对各种人生问题，又怎么可能缺乏正确的意见呢？更不会缺乏根据这些意见而采取行动的意志力。

专注于眼前所要完成的而忘记未来，知道自己想要的是什么以及如何得到它的人，往往都会走向成功。物质目标就是这样，更高的人生目标也是如此。但是有更多的人，可能会只追求眼前的东西，在衣食住行上想得到的太多。而宗教和灵性智慧，在一定的程度上是启发我们，要把更低的目标看做是通向更高目标的台阶，而不迷失人生真正的目的。

追求别人的追求，你的内心怎么可能快乐？可是大多数人在繁忙的世俗生活中，都倾向于导师、同行的意见，甚至在所属群体中寻求庇护，从而摆脱劳心费力的思考。然而在今天，集体或共同的自私，却比个人的自私具有更大的危险。因为它更具有隐蔽性，甚至披着某种比个人目标更为高尚的外衣。人类天生就是群居动物，我们却不应该像绵羊那样按照一些群体的冲动简单行事。人有独立思考的能力，有权衡推理的能力，有在某种程度上预见未来，并反思自己行为与后果的能力。在我们这样的时代，对于每个人来说，至关重要的，就是要毫不留情地坚持个人意见。

人类的命运中，有一股水流在裹挟着世界一路向前，但是却并不总是沿着同一个方向。尽管有旋涡、转弯和浅滩，却都有连续性。聪明人的生活艺术，是在很大程度上把那些旋涡与主流区别开来。认真的人，有勇气、有信念的人总是活在当下，努力为更多的东西而活。他在毕生的学习与工作中，每天都努力注视着更宏大的目标，努力使自己的人生终极目标与其相一致，努力从所有的过去中，学习使他能够穿透未来迷雾的智慧。

◎哈佛心理评估：下面的测试题可以将你目前最期待的事情测出来，相信吗？

哈佛心理学教授丹尼尔·吉尔伯特认为，当人对未来充满憧憬时，那种感觉就像你已经在经历那一刻的美好，但这不过是想象，我们还得用实际行动去涵盖未来。每个人对自己的明天都有不同的期待。

1. 你是否有固定的假日出游计划？

  A．是——第2题   B．不——第3题

2. 选择电器用品时，你通常考虑最多的是下面哪一种？

  A．品牌有保障——第4题   B．便宜耐用——第6题

3. 心情不好时，你会跟朋友一同去唱歌吗？

  A．会——第2题   B．不会——第5题

4. 你常看娱乐节目吗？

  A．是——第9题   B．不——第7题

5. 你是否常有自杀的念头？

  A．是——第10题   B．不——第6题

6. 你会不会看新闻联播呢？

  A．会——第7题   B．不会——第8题

7. 在学校上课的时候，你常常期待赶快下课？

  A．经常——第8题   B．偶尔——第9题

8. 通常放学后，你都是直接回家吗？

  A．直接回家——C型   B．四处逛一逛再回去——第10题

9. 你是很善于管理零花钱的人吗？

  A．是——A型   B．不——B型

10. 你是否常对路上横行霸道、不守规矩的车感到愤怒不满？

  A．是——D型   B．不——C型

答案分析

A型：你最希望学业有成。你对现在的学习充满了热情和期望，精神充满活力，学习如何享受生活和规划人生。你可以多看书或上网来获得信息，让心灵跟着一起成长。多帮助需要帮助的人，好运就会持续地待在你的身边。

B型：最想要感情顺利。你花太多时间在学习和其他事情上了。趁着年轻

努力固然要紧，爱情没有谁欠谁，而是相互依赖，有问题试着多和对方沟通，就会发觉其实并没有那么难。提醒你要注意身体健康。

C型：最盼望考试顺利。目前你可能还在徘徊中，或对目前的学习状态不满意，或遇人际关系的纷争。你需要多花点心思在学业上，不要怕成绩不好，不要把自己关起来，多和朋友交流，你会发现自己的能力其实很强。

D型：最需要放松心情。你目前的压力颇大，使你不管做什么都觉得碍手碍脚，好像什么倒霉事都发生在你身上，使得你的情绪不稳定，甚至有点反复无常。你比较容易做白日梦。你应该做一些平时认为不必要的事，让生活尽量多点改变，这有助于减轻你的焦虑和不安。

每日三省，助你立于不败之地

有这样一个有趣的故事：有一位美国女士养了一只漂亮的鹦鹉，但是它有个奇怪的毛病——咳嗽，而且咳嗽起来声音浓重难听，女主人以为鹦鹉患了病，就带它去看兽医。兽医并没有检查出任何疾病，却发现，问题是出在女主人身上，因为她烟瘾很大，经常咳嗽，这只鹦鹉是在惟妙惟肖地学她的咳嗽声。女主人却看不到自己过错、不懂得自我反省，却把健康的鹦鹉送去医院。

《路加福音》上有这样一句话："为什么只看见你弟兄眼中的刺，却不想想自己眼中的梁木？"所谓的反省，就是检查审视自己的思想和行为，做出评价，从而改正过失。当今最具影响力的心理学家加德纳始终强调，在人类的多元智能中，内省的智能是一种十分重要的智能。内省智能强的人能客观地了解自我，意识到自身内在的情绪、意向、动机及自律、自知和自尊的能力，真实了解自己的优劣，从而谨慎地规划自己的人生。

不过，很多人都缺乏这种自我省察的能力。首先是因为"道德无知"，对

"是非善恶与好坏"的认识不清，不能辨察一件事应不应当做，可不可做；什么事不应当做，不可去做。例如有时在没有恶意的情况下说了一些话，却会令别人不开心，甚至伤害到别人，但说话的人对他为什么不开心，或受到的伤害却一无所知。

古希腊著名哲学大师亚里士多德，对于思考的重要性曾说过这样的话："如果我们从来不反思我们的生活、我们的行为，那么我们的生活其实不是我们自己的，不过是所处时代主流思想的机械反应而已。"而伏尼契则说："一个人最大的胜利就是战胜自己。"安德烈耶夫认为"自省是一面镜子，它能将我们的错误清清楚楚地照出来，使我们有机会改正"。海涅则说"将检点别人的工夫，常自检点，道业无有不办"。

而卡耐基先生提出这样一个论点，说每个人的特质中，大约有80%的特质是长处或优点，而20%的特质左右是缺点。当一个人只知道自己的缺点，而不知发掘优点时，"往往就会促使这个人发现，在他身边的许多人也拥有类似缺点，进而使得他的人际关系无法改善，生活也不快乐"。

可是在日常工作生活中，很多人却从来不反省自己。他们从来不总结别人成功的经验，也不懂得吸收失败的教训，更不去认真反思。这样的人生既没有目标、更没有进步，每天都是前一天简单的重复。而那些最后成功的人，往往都是那些真正懂得总结经验教训、及时反思的人。

自省是一种良好的处世态度。人就是应该常常自省自己的得失，随时检讨自己的言行。懂得自省的人能够不断地进步，保持心灵的纯洁，让人少犯错误。善于自省的人常常听取别人的意见，勇于改正错误。社会的进步有赖于民族的自省，所以身居高位的人更要常常自省。

教育家陶行知曾提出"每天四问"：第一，我的身体有没有进步？第二，我的学问有没有进步？第三，我的工作有没有进步？第四，我的道德有没有进步？首先要问是自己的身体健康，适当的休息，是健康的主要秘诀。忽略健康的人，就等于在和自己的生命开玩笑。其次问自己的学问有没有进步？进步了多少？因为学问是人一切前进活力的源泉。学问贯通了，于己于人于社会都有益处。再次要问自己担任的工作有没有进步？因为工作的好坏对生活学习的影响都很大。最后要问的是自己的道德有没有进步？因为道德是做人的根本。根本坏了，没有道德的人，学问和本领越大，就越能为非作歹。

戴蒙原来总是带着自己的小狗雷利去家附近的森林公园里散步，由于公园人少，雷利又很温顺，所以戴蒙没有按照国家法律规定为它系上皮带和口笼。有一次，雷利正在公园小路上撒欢地跑，结果一下子扑到了一个人的身上，这个人叫肖恩，很不幸的是，他是一名警察。

肖恩一看见"一身轻松"的雷利，立刻就对戴蒙喊道："你的狗没有口笼、皮带，还在公园里乱跑，你难道不知道这是违法的吗？"戴蒙回答说："我想，这还不至于吧！雷利是个多么温顺的小狗！"

肖恩却说："法律才不管它温不温顺，要是它伤害了森林里的小动物，或者咬伤了儿童，这又该怎么办？"戴蒙一听，立刻连声说道："是的，警官先生。我想我的确做错了，真的非常感谢您的提醒。要不，您现在处罚我吧？"

肖恩听见戴蒙的"软"话后，摸了摸帽檐，看了看蹲在地上的雷利，他的态度也缓和了下来："好吧，我知道周围没有人的时候，让这样一只可爱的狗跑一跑是很诱人的事。"戴蒙点点头说："没错，我就是没经得住那'诱惑'才犯了错。实在抱歉！我想我是疏忽了，这里还可能会有其他的动物和儿童。"肖恩说："算啦，看你的小狗也不算大，应该也没那么疯。你只要让你的小狗跑过前面那小山就好了，那里一般没有什么人去，我也看不见它。不过，仅此一次，下不为例！"

戴蒙听了千恩万谢，并让雷利做了个摇爪感谢的动作。肖恩被逗笑了，他说："嗨，这可爱的小家伙叫什么？"

"雷利。"

戴蒙也笑了，同时也伸出了手，"我叫戴蒙，很感谢你提醒我并帮助我。"

"我叫肖恩。"肖恩也伸出了手，"有时间再聊吧。"

戴蒙和肖恩成为了朋友，当然，雷利以后再出门的时候也开始"全副武装"了。

能从别人的职责中自省自己的错误，可以帮助你以最快的速度进步。经常反省自我，向善是每个人都有的本能，只要我们从内心逐步反省自己，心胸就会越来越宽广，智慧也会越来越通达，生命就会一天比一天更美好。

现代人也可以每日"三省吾身"，每天反问自己"我今天都做了什么？做这些是为了什么？做的这些事未来的结果会怎么样？"。我们在生活中总是难免会有这样那样的缺点，但是，如果我们能经常审视自己的行为和思想，防微杜渐，不断纠正自己的错误，克服自己的缺点，那么久而久之，一些不良的习惯以及性格中的某些弱点、缺点，就能及时清除掉，同时在自己的思想和行为中形成良好的修养，从而确保自己健康成长。

◎哈佛心理评估：知道自己的性格弱点在哪里吗？

假如有一天，你遇见了上帝，他答应帮你实现以下的一个愿望，你会选择哪一个？

A．交一个真心朋友

B．拥有一群一起玩的朋友

C．让自己的钱增值10倍

D．学会一门技术

E．身材、脸蛋变漂亮

答案

选A：你的内心常常会有空虚感，你性格上最大的弱点就是自闭。试着让自己的心开放一些，让自己心里少一些秘密，也许会对你的心理有些改善。

选B：你不太擅长于表述，在人多的场合会显得不知所措。你性格上最大的弱点就是过于内向。大胆地与陌生人说话吧，只要打开了这个匣子，你会发现，开朗原来这么容易。

选C：你是一个矛盾的人，你性格上最大的弱点就是贪婪。对金钱的贪婪也许短期上会让你赚点儿钱，但长期你会吃亏的。

选D：你是一个外向的人，你擅长于交际，但却对技术感觉很神秘。你性格上最大的弱点就是无法专心。专心有时候还是需要一定的毅力的，不妨每天让自己静上20分钟，或者尝试着去做钓鱼等培养耐心的运动。也许会对你有帮助。

选E：你是一个很在乎外表的人，你性格上最大的弱点就是太在意别人对你的看法。外表往往不是最重要的，然而这个道理很多人要老得走不了路的时候才懂得。不妨多充实充实自己的内心世界吧。你会发现更广阔的另一片天地。

Harvard
half past four

第四章

管理好情绪你就赢了

内在情绪与心态的自我剖析

热忱可以改变一个人对他人、对工作、对社会及全世界的态度。

——哈佛大学教授 威廉·詹姆斯

哈佛大学和美国许多名校都有一个规定：期末考试之前，还有一次退课的机会，也就是说你可以把你没有把握的课程退掉不修，这种方法是这些名校帮助学生疏导压力和负面情绪的一种途径。然而在中国的高中，我们别无选择地必须修所有的课程，如果自己无法管理好自己的情绪，最后受到伤害的也只能是我们自己。

常常有人用"我烦得要死"来表达内心极度的忧虑烦恼。是的，一个人如果长时间过分忧烦，就容易患上疾病。一位医生说，他的病人中有一大半人伴有忧烦的症状，有位病人整个身体状况日益恶化，缺少抵抗力，肤色变得灰暗，眼睛失去光彩。医生说："这个人最致命的疾病，是他长期心怀愤恨。"很多人身体不健康，就是因为情绪和精神状况不健康而引起的。

心理不健康、情绪不稳定，会严重妨碍身体机能。如果情绪长期压抑，就会成为所有疾病的催化剂。那些感到自己力不从心的人，身上往往积累了许多负面的情绪。当一个人在抱怨压力太大的时候，往往会发现，自己离健康已经越来越远。

哈佛大学的医学专家发现，身心健康的人更乐于接受压力。因为精力充沛，就能在面对压力和挑战时全力以赴，进入忘我的境界，这种精神状态是有益健康的。可是一个人如果有不端正、不健康的想法，就容易变成真的不健康；所以我们想要拥有健康、活力和朝气，就必须克服内心各种不健康的想法。

人长期处在紧张、压抑中，会产生精神消沉和疲劳，同时也会降低身体抵抗疾病的能力。各种忧虑和烦心，失去控制的感情和脾气，现代生活的高压力和快节奏，愤恨、苦闷、恐惧等负面情绪，就像有毒物质，毒害着我们身心的健康。因此要定期清洗自己的心灵，抛弃烦恼和怨恨，才能保持心理健康。

我们的整个高中一定会有很多压力，升学、生活、面对家长的期许和自己的理想，所有的压力都慢慢积累，这些压力可以让我们成长进步，但不健康的心理也可能让压力轻易将我们压垮。

心理学家指出，压力是一把双刃剑，可以让我们更好地完成工作，也可以损害我们的身心健康。压力会使身体在特定情况下形成一种状态。当人们迫切需要花大力气完成什么事情的时候，人的大脑就会重新调配身体资源，使人对事物的洞察力变得更加敏锐，注意力高度集中，身体的力量和反应也得到加强，对疲劳的耐受力也相应提升，就能更好地完成高难度的任务。

哈佛大学的心理学专家认为，解除精神压迫主要有以下几种方法。

1. 提高抗压能力。

每个人所感受到的精神压力的大小，同自身的抗压能力刚好成反比。面对同样的外界压力，一个人自身抗压能力越强，感受到的精神压力就越小。反过来，自身抗压能力越弱，感受到的精神压力也就越大。

提高抗压能力，就要把困难看作是生活不可分离的一部分。当你把困难看作是羁绊，区区小事都会使人哀叹艰难坎坷。但是，一旦人生乐章中注进了不畏困难的旋律，纵使层峦叠嶂，也难以使人止步。

2．确定志向水平。

就是确定自己所要达到的目标和规定的标准。假如把志向水平定得过高、脱离实际，就会遭遇失败。几次之后，就可能形成精神上的压力。若不及时消除这种压力，就会逐渐降低自信力。但是志向水平定得太低，人就会失去进取心，变得平庸。而且，一个在生活中甘居下游而故步自封的人，很容易被别人轻视。这样又会感觉到有新的精神压力向自己奔来。所以说要从实际出发，确定自己的志向水平，并且努力有计划地逐步提高。

3．强化意志。

卓越者的一大优点就是，在不利、艰难的处境中能够百折不挠。人的意志力，就是人的思想、情感和行动的全部精神力量的总和，是抗衡精神压力的主力军。

人的意志，会在战胜自我和外界压力的过程中闪光，但是战胜自我同宽容自己并不矛盾。要战胜自己身上的缺点和弱点，也要善于宽容自己，不给自己制造过大的精神压力。意志的强者应该同时是善于宽容自己的智者，对自己该苛责时就要苛责，该宽容时就要宽容。这种心理调适的艺术是一种良好的自我修养。

一旦有了精神压力，我们应该怎样及时消除呢？这就要学会缓解精神压力。可以采取以下3种形式：

1．自我宣泄。

有的人失恋后会奋笔疾书，以倾诉自己的痛苦。写完了之后内心如释重负，顿感轻松。有的人遇上突如其来的悲痛事件，干脆抱头痛哭一场，泪尽哀去，心里也就好受多了。应当注意的是，自我宣泄一定要讲文明，不能采取有损他人利益，或以糟践自己甚至自残的方式宣泄。

2．请人疏导。

这是一种很有效的减压形式。一个人对自己的认识往往很有限，甚至很模糊。所以一旦有了精神痛苦、不满或困扰，切莫闷在心里，可以找朋友，找亲人，找组织，把心事全倒出来。尽管问题未必能立即解决，但是心中的疙瘩总能在不同程度上得到缓解。如果让痛苦、困扰放在心里，只会使精神压力越来越大、不堪重负。

3．代偿迁移。

就是通过另一种活动，创造另一种情境，以转移自己因挫折、失败、困难所造成的精神压力。比如拿笔写诗歌，画图画，或者埋头工作等，痛苦和压力就会大大减轻。

总之，生活中有很多的不如意，要想生活得好、生活得快乐，让自己轻松一点，那就需要进行自我调节，学会减压。在生活中要学会随时给自己减压，才不会被快节奏的生活和沉重的工作压垮、打倒，快乐地过好每一天，才能享受属于自己的幸福生活。会减压的人不一定成功，但是不会减压的人一定不会成功。人生最大的快乐，就在于有目的、有朝气地工作。一个人必须拥有健康的身体和无限的精力，才能一步步走向成功。人生成功的根本保证，就是要保持良好的心态和情绪。就像攀爬高山，在职场打拼中，体力不济的人只能在半路打住，永远都到不了山顶。

◎哈佛心理评估：你是否具有良好的心理适应能力？

"积极心理学"成为哈佛最火爆的科目，多数哈佛学生认为该学科能增强心理适应能力，改善生活质量。面对复杂多变、竞争激烈的社会环境，想获得更充分的生存与发展，就要具备较强适应能力。通过下面的测试，你便可以了解自己的适应能力，根据需要实行相应的补救措施。

1. 一件重要的东西不见了，你：

　　A．把可能的地方找一遍

　　B．疯狂掀起地毯搜索

　　C．镇静回想可能放在哪里

2. 急着上课，半路遇到堵车，你：

　　A．急躁不堪，想象老师恼火的样子

B. 设想老师能体谅你不得已而迟到

C. 急也无益，干脆不想了

3. 收到学校教务处的信，你：

    A. 自己弄清缘由

    B. 装作没看到

    C. 找个理由推给其他同学去处理

4. 你向来用水笔写字，现在要你换钢笔书写，你会：

    A. 感到别扭

    B. 有点不顺手

    C. 感觉没什么差别

5. 你在大会上演说与教室里讲话相比：

    A. 没什么差别

    B. 说不准

    C. 逊色多了

6. 聚会时发现全是陌生面孔，你：

    A. 喝点儿饮料放松一下

    B. 感到不自在，又能相叙甚欢

    C. 积极加入，不感到一丝陌生

7. 到了交作业的最后期限，你：

    A. 更有效率

    B. 错误百出

    C. 着急中维持正常状况

8. 刚与人唇枪舌剑，你：

    A. 转回学习上，难免出神

    B. 唠叨不停，工作效率大减

    C. 不受影响，专心工作

9. 去外地实习，你：

A．失眠换姿势，换枕头

B．有时会失眠

C．和在家没差别

10．分班之后，尽管学习很努力，却没有以前的效率高：

A．是

B．说不上

C．不是

11．学校上课的时间做了调整，你：

A．长时间紊乱

B．起初两三天不习惯

C．很快习惯了

12．有人莫名其妙把你骂一顿，你会：

A．头脑清醒，适度回击

B．蒙了，过后才想如何反击

C．还了几句，未中要害

13．和朋友约好喝咖啡，他却说不能来了。你：

A．既来之则安之，自己喝

B．总在想这件事

C．打电话给其他朋友

14．小李脾气古怪，你：

A．觉得小李蛮好接近

B．说不上什么感觉

C．也有同感

15．你正看书，外面突然很嘈杂，你会分心吗？

A．是的

B．看吵闹的程度

C．只要不是跟我吵，照读不误

答案分析

1. A. 3；B. 5；C. 1

2. A. 5；B. 1；C. 3

3. A. 1；B. 3；C. 5

4. A. 5；B. 3；C. 1

5. A. 1；B. 3；C. 5

6. A. 5；B. 3；C. 1

7. A. 1；B. 5；C. 3

8. A. 3；B. 5；C. 1

9. A. 5；B. 3；C. 1

10. A. 5；B. 3；C. 1

11. A. 5；B. 3；C. 1

12. A. 1；B. 5；C. 3

13. A. 3；B. 5；C. 1

14. A. 1；B. 3；C. 5

15. A. 5；B. 3；C. 1

15～29分：适应性强，游刃有余。

30～57分：适应性中等。事物的变化不会使你失魂落魄。

58～75分：适应能力差。对世界的变化、生活的摩擦不习惯。

如何快乐——高中课堂里学不到的知识

> 情绪指引着行动，但事实上，行动与感情是可以互相指导、互相作用的。快乐并非来自外力，而是来自于内心的指引，因此，当你不快乐的时候，也可以调整内心，选择让自己快乐起来。
>
> ——哈佛大学教授　威廉斯

哈佛大学心理学家普莱格教授指出：明白了欢乐并不等于快乐，并不能令我们最终得到解脱。或许你会以为，假如有个人住在好莱坞，或迪斯尼乐园所在的地方，一年到头阳光充沛、充满欢声笑语，那么他一定会比别人快乐。如果你这样想，那么你的看法就不免有些错误了。在现实生活中，许多人总是认为欢乐就等于快乐。但事实上，这两者之间很少有共通之处。

欢乐就是人们在进行一种活动时，所得到的即时感受；快乐则往往是在活动结束之后才会感受到的一种成就感。所以快乐是更深入、更持久的情绪。欢乐与快乐的区别就在于，到游乐场去游玩，去看球赛、电影或者看电视，因为全都是欢乐的活动，能帮助人们放松身心、忘却烦恼，甚至会哈哈大笑。但是，它们不一定会带来快乐。

执迷不悟的人，认为生活充满欢乐就等于快乐，而这种观念却只能减低他们得到真正快乐的机会。如果寻欢作乐就等于快乐，那么痛苦就应该等于不快乐了。然而，事实却刚好相反：能带来人生快乐的事物，往往都含着一些痛苦的元素。

一位作家写道：我当然也爱好寻欢作乐，喜欢打网球，爱开玩笑，还有许多嗜好。可是，这些作乐方式并未真正令我快乐。而一些比较困难的事情，例如写作、抚育子女、促进夫妻关系、尝试做好事等带给我的快乐，远远大于从那短暂的欢乐中所能获得的。

哈佛大学积极心理学教师本·沙哈尔指出：要好好控制住脑子的反应，你不得不随时注意自己身心所处的状态？我们所做的一切，都在于追求快乐的同时逃避痛苦，然而我们若是改变心态，就可以很快改变先前对快乐和痛苦的认知。拥有积极乐观的心态是成功的关键。当我们面对挫折、困难或不如意的时候，我们不妨让自己的心态转变一下，就会发现结果是截然不同的。一个人快不快乐，其实就在于他自己。

拿破仑在得到世界上绝大多数人都渴望拥有的荣耀、权力和金钱时，他却说："我这一生从来没有一天快乐的日子。"美国残疾女青年海伦·凯勒，又聋、又瞎、又哑，可她却说："生活是这么美好。"美国成功学大师卡耐基指出："你的快乐与否，正是你自己的生活态度所决定的！"

哈佛大学心理学家告诉学生：你认为自己处于某种状态，这种状态就会愈发的明显。如果你认为自己很可怜，让自己沉浸在苦闷之中，那么你的生活就会真的很痛苦。如果你相信自己很快乐，并且能够快乐地生活，那么你的生活也就真的很快乐。快乐的神泉取之不尽，用之不竭，它就在你自己心中。

哈佛大学积极心理学的先驱者菲利普·斯通教授指出：使你快乐或不快乐的，是你对它的想法。他经常给学生讲述这样一个故事：

有一个美国人开车去加油站加油。那天天气很好，他感觉很舒服。他在加油站看到有个年轻人站在那儿，不期然地问他："你身体好不好？"

"我觉得很好啊。"

"你好像有病！"年轻人说。可这一次却没有前一次那么自信了："我觉得很好啊，我再好不过了。"

年轻人坚持说："你看起来并不太好。你气色不对，脸上黄黄的。"

他开车离开那个加油站，车还没开到另一交叉道时，就想停下车来，看看镜子好知道自己到底是怎么一回事。

回到家中，他还继续寻找脸黄的原因：我的肝可能有问题，我可能病了自己还不知道。他为此有些焦虑。但第二次他又到那个加油站时就发现，原来加油站喷的是有病态象征的黄色油漆，使每个到那里的人都变成了黄脸。

可是他发现自己竟然让一个完全不认识的陌生人，把那天的态度完全改变了。一句没有依据的猜测，就使他的心情从快乐变为焦虑。一个人的言语能有这么大的力量，真是难以想象。

常常会有两个背景和处境几乎相同的人，做同样的事，然而其中一个人郁郁寡欢，另一个人却欢欣愉快，这就是两个人对同一事物的不同态度导致的。

使你快乐或不快乐的，不是因为你有什么、你是谁、你在哪里，或是你正在做什么，而是你对它的想法，也就是你对待快乐的态度。

哈佛大学心理学家埃伦·兰杰曾经指出：生活中大概有90%的事情是对的，只有10%是错的。如果要得到快乐，那么我们所应该做的，就是要把精力放在那90%正确的事情上，而不要理会那些错误。

1．认知偏差型。

这种人主要是在认知上出了偏差，认为"我注定不会有快乐"；"我想快乐会带来灾难"；"我不配享受快乐"等。如果有上述想法，就要采用认知纠偏法来进行缓解。应该深刻认识到，上天把快乐公平地分给我们每一个人，享受快乐并不是某个人的特权。快乐未曾光临，千万不要以为是上天遗弃了你，而是因为当快乐来敲门时，你却把它拒之门外。

2．目标障碍型。

这样的人目标不明，可能并不知道自己的人生目标在哪里；也可能目标不合适，常常做背离快乐的事，常常使自己陷入困境。如果人生目标出现障碍，这是一件非常痛苦的事，尤其是刚刚走上社会的年轻朋友常常陷入这种困惑中。如果有这样的痛苦，就要采用目标定位法进行纠正。首先就要根据自身的特点，再结合职业特点来明确人生目标。你必须明白，有了职业并不等于事业的成功。其次要根据社会的需要制定人生目标。一个正确的方向应该根据社会需要，在自己所希望达到的目标中确定方向。

3. 感觉迟钝型。

这种人对生活的感觉有些麻木，其实快乐一直就在身边，却总是捕捉不到。如果出现这种情况，就应采用激活感觉法。美国心理学家让快乐缺失症患者写日记，这种方法治疗一段后，发现患者激活了对事物的感觉，生活中也多了几分快乐。

4. 忧虑积郁型。

这样的人因为忧虑积郁在胸，因而堵塞了快乐感觉的神经通路。面对这样的问题，不妨采用欲擒故纵法。美国心理学家罗兰德，有一项治疗忧虑的措施很独到。他不是让忧虑者不再忧虑，而是来个"欲擒故纵"，让忧虑者每天拿出一段时间专门进行忧虑，即"用忧虑战胜忧虑"。你不是怕忧虑的困扰吗？那么，索性就专心致志地忧虑一会儿，而且不能"偷工减料"。结果人往往并不能一门心思忧虑，于是忧虑悄然消失了。

5. 思维刻板型。

思维刻板的人不快乐，可能与看问题的视角有关。看问题不会从新的角度发现快乐，常常忧心忡忡。如果这种情况可以采用转换视角法进行纠正，要注意从多方面多角度看待问题。如果从这个角度看，可能引起消极情绪，那么从另一角度来看，就可能发现积极意义，从而使消极情绪转化为积极情绪，这便是"转换视角法"的妙处。

6. 表情阴郁型。

这样的人能把内心的忧郁呈现在脸上，却不能把微笑挂在脸上，快乐就很难走入心中。如果想消除面部和内心的阴郁，请稍许调整一下，使情绪平静一些。然后让嘴角上翘，尽力上翘。请保持较长时间，1秒，5秒，30秒……你就会体验到内心也在变化。当你有意调整面部肌肉时，也在调整内心的情绪状态，从而逐渐清除消极情绪。

人生五味酸甜苦辣咸，只有拥有快乐，才会有幸福的生活。如果你感觉自己不快乐，那么就行动起来，找回你的快乐。

◎哈佛心理评估：测试一下你的性格吧。

美国知名心理学博士菲尔，曾在女黑人奥普拉的节目里，做过一组最著名的菲尔性格测试。回答这个测试问题时，一定要按照目前的实际情况作答。

1. 在什么时候感觉最好？

    A．早晨   B．傍晚   C．夜里

2. 你走路是什么姿态？

    A．大步快走   B．小步快走

    C．不快，仰着头   D．低着头，很慢

3. 和人说话是什么样的动作？

    A．手臂交叠站着   B．双手紧握

    C．一手或两手放在臀部   D．碰着或推着与你说话的人

    E．玩着耳朵、摸着下巴或用手整理头发

4. 坐着休息时，你的腿怎样放置？

    A．两腿交叉   B．两腿伸直   C．腿蜷在身下

5. 碰到发笑的事，你怎么发泄？

    A．欣赏地大笑   B．笑而不大声

    C．轻声咯咯笑   D．羞怯地微笑

6. 在派对或社交场合怎样出场？

    A．大声引起注意   B．安静入场，找你认识的人

    C．非常安静，不被注意

7. 你专心工作时，有人打断你，你会：

    A．欢迎他   B．非常恼怒   C．在上述两极之间

8. 你最喜欢哪种颜色？

A. 红色或橘红色　　　B. 黑色　　　　　C. 黄色或浅蓝色

D. 绿色　　　　　　　E. 深蓝色或紫色　　F. 白色

G. 棕色或灰色

9. 入睡前几分钟，你的姿势：

A. 仰躺，伸直　　　　B. 俯躺，伸直　　　C. 侧躺，微蜷

D. 头睡在手臂上　　　E. 被子盖头

10. 你经常梦到自己：

A. 落下　　　　　　　B. 打架或挣扎　　　C. 找东西或人

D. 飞或飘浮　　　　　E. 不做梦　　　　　F. 都是愉快的

答案分析

1. A. 2；B. 4；C. 6

2. A. 6；B. 4；C. 7；D. 2

3. A. 4；B. 2；C. 5；D. 7

4. A. 4；B. 6；C. 1

5. A. 6；B. 4；C. 3；D. 5

6. A. 6；B. 4；C. 2

7. A. 6；B. 2；C. 4

8. A. 6；B. 7；C. 5；D. 4；E. 3；F. 2；G. 1

9. A. 7；B. 6；C. 4；D. 2；E. 1

10. A. 4；B. 2；C. 3；D. 5；E. 6；F. 1

21分以下：内向的悲观者。优柔寡断，杞人忧天。

21～30分：缺乏信心、挑剔。谨慎小心。

31～40分：以牙还牙的自我保护者。明智谨慎、注重实效。

41～50分：有活力、有魅力、讲究实际。

51～60分：活泼、容易冲动，能够迅速做出决定。

60分以上：傲慢的孤独者，有极端支配欲，自负、自我中心。

控制烦躁的三条锦囊

不要慨叹生活的痛苦！慨叹是弱者。

——世界著名思想家　高尔基

哈佛大学心理学家威廉·波拉克指出：偶尔的愤怒并不是件坏事。因为我们在生活中，不可避免地，总会遇到一些不顺心的事，如果长期压抑自己，不将积郁的愤怒爆发出来，对自己的身心会有很大的伤害，可能会使自己的自尊受到打击，甚至伤害自己的身体，引起高血压和心脏病。

愤怒的情绪是负面情绪里冲击力很大的一种，学会管理情绪重要的一点就是克服自己的愤怒。因为每个人都不想让自己的愤怒"开锅"，总在试图通过各种努力，来控制和消除自己的愤怒。愤怒本身不过是情绪的冰山一角，并不是独立存在，而是被害怕、怨恨或不安等情绪所引发。如果愤怒不可避免，那么我们要做的就不是压抑愤怒，而是找到引发愤怒的情绪根源，在达到愤怒之前消除这些烦躁的情绪，就会去掉愤怒带来的消极影响。

心理学家将人的烦躁情绪分成三种类型，并列出破解每一种愤怒的办法。

1. 爆发型愤怒。

这种烦躁情绪的症状是："如果你再把脏袜子随便乱扔乱放，我就搬出去住！"也许把你逼到这种爆发的边缘并不是一天两天就能够，但是当这一刻真的来临时，便会地动山摇，令身边人都想逃离。

那么如何避免因情绪烦躁而引发的爆发型愤怒呢？首先就要等待怒气消解。研究表明，愤怒一般持续的时间不超过12秒钟，就如暴风雨，爆发时足以摧毁一切，但过后却风平浪静。所以在这关键的12秒内让怒气自然消解，这就非常重要。可以尝试深呼吸，或者在心中默数10个数，当你数完的时候，你会发现自己已经没有那么生气了。也可以调换自己的情绪，换一种说法来表达自己，会让你感觉一切尽在自己的掌握之中。比如，以"我对你的行为实在是感到很失望"，来代替"你简直就是蠢货！"这句话，要比在暴怒时的口不择言显得更有理智也更有力量。

2. 隐忍型愤怒。

这种情绪烦躁的症状是："我很好，一切都很好，没事。"即使内心有一万个愤怒的火球，表面却仍然展现给别人一张笑脸，对内在真实的情绪进行不露痕迹的掩藏。很多人从小被反复教育，无论发生什么事情都要忍住，不能轻易发脾气，要做绅士或淑女，发怒只会让人失去声誉、朋友、工作甚至婚姻。

如何避免因隐忍型愤怒而带来的情绪烦躁呢？如果有人责备你，你可以用积极的、有建设意义的语言进行反击。对方可能会对你的语言感到吃惊，甚至有些生气，但他们会原谅和习惯你的方式。也可以尝试挑战自己的容忍底线，问自己："老师批评我不完成作业，是为了我好吗？"；"我每周末都在打游戏，对学习有帮助吗？"这样反问自己，就会得到相反的答案："当然不！"正确认识对与错，这就是开始改正的第一步。然后将自己置身事外，想象一下，一个朋友长期被领导批评，无休止地加班却被漠视。那么他该如何做出正确的反应呢？列出清单，写下他可能采取的行动，然后问自己说："为什么这些方法对他可行，对自己却不可行呢？"

3. 嘲弄型愤怒。

这种情绪烦躁症状是，以拐弯抹角的方式来转化自己的不快，而且脸上还带着笑容："你迟到得正好，这让我有了研究菜谱的时间！"为什么爱嘲弄呢？因为生活经验告诉你，直接表达负面情绪是不对的，所以你会选择一条非直接路线。如果对方生气了，那么这是他们自己的问题，而不是你的错。毕竟你是在开玩笑，难道现在的人已经开不起玩笑了吗？

如何避免因嘲弄型愤怒的情绪烦躁而带来的消极影响呢？就要学会直截了当地表达自己的想法。因为嘲弄是一种被动的攻击性沟通，所以非常容易伤人，尤其是很亲近的人。不如找到合适的词语，在感到愤怒之前把话说出来。比如在等待爱迟到的朋友时，在她到来之前，进行一下表达不满的各种练习，就能避免在看到朋友后进行的尖锐嘲弄。要坚定而且清晰地直接表达你内心真实的想法，这样有时候会更奏效。尤其对于孩子来说，要简单而温柔地提醒，比如"在沙发上乱跳是不对的"，清楚传达信息要远比说"哦，别担心，你这么做只会让我再准备一笔钱来买一组新沙发"要好上几倍。

人生是多角色、多回合、多场所的连续博弈，所以采用更佳方式排解愤怒的巨大意义在于争取下一场所、回合和角色的博弈可以获得更加理想的结果（如果确知明天就是末日，今天谁敢惹老子愤怒，一定搞死他，是不是，哈哈）。而如何才能避免以后为同样的事情而愤怒（至少降低愤怒的等级），是我们渐渐淡化这次愤怒后所必需迅速考虑的。

总之，愤怒只不过是一种情绪，但是如果不好好控制，就会让你变得狰狞可怖，更会让你变得充满了苦恼和孤独。如果控制好烦躁易怒的情绪，就会让你变得更加平易近人，也更加从容不迫，人生才会更加的快乐和幸福。

◎哈佛心理评估：测测你是否有急躁的不良性情。

美国哈佛医学院的一项研究发现，负面情绪可以影响人的免疫系统，导致抗病能力下降。急躁的性情总会给人带来负面情绪，如焦虑、紧张、恐惧等。

每个人都经历过等车，你有急事，车却迟迟不来，你只能瞪着眼睛干着急，可是有什么办法？不如观察一下等车时自己是什么样的姿态，这与你的性格有一定的关联：

A. 不断地来回走动，并不停地搓着双手

B. 不停地看看手上的表，立在原地不动

C. 你的双臂交叉于胸前，不耐烦的样子

D. 目光投向远处或附近，手插入口袋中，或者听着音乐，一副事不关己的样子

答案分析

选A：标准的急性子，处事比较果断。你讨厌办事拖沓，虽然你精力充沛，斗志高昂，却常常因为草率、急躁而做错事情，因此你很难成为令家长和朋友放心的对象。你与朋友的相处，虽然真心诚意却又粗枝大叶，往往因为心直口快伤害了朋友却不自知，所以，你的交情一般都在泛泛之交的层面上，很难建立深厚的友谊。你坦白诚恳，对恋人要求对爱执著、真诚。如果你正经历不够真实的爱，一定会毅然放弃，因为你相信长痛不如短痛。

选B：做事极有分寸，但是过于呆板。严于律己的你，耐性很不错。对工作认真负责，对朋友尽心尽力。你拥有不错的人际关系，学业往往也能取得成功。你对你另一半的要求落落大方、极有分寸。你觉得你的恋人需要信守承诺、表里如一。符合你要求的人还是能找到的：但是你的严格作风和一本正经的做派也许会让你的恋人受不了哦！建议你让自己变得潇洒一点儿、放松一点儿，要知道陷入爱情的人都有点疯，这样的爱情才会完美。

选C：你有良好的人际关系，坚持己见又很重视策略，往往在达到自己目的的同时，又让对方心服口服，良好的人际关系能让你在各方面都更加出色。你是个刚柔相济的智慧型人物，能从容把握自己的爱情，你的另一半很可能是那种喜欢事事由你做主的人。建议在学习中强调团队合作的精神，要适当收敛脾气，放下架子与同学好好相处，让你的人气更旺。

选D：比较有耐心，但是过分宽容。你对家人和朋友既温柔又体贴。你最大的缺点就是原则性不强，对自己的观点不够坚持，有的时候显得有点软弱。你身边的朋友或同学以为你很好欺负，让你莫名其妙地吃了不少的亏。要知道，一味地忍让并不是维持友谊和爱情的良方，并不能赢得别人对你的尊重。偶尔把自己的不满表现出来，对方才不会太肆无忌惮。

做竞赛型选手——疏导紧张的情绪

> 苦难有如乌云，远望去但见墨黑一片，然而身临其下时不过是灰色而已。
>
> ——著名思想家　里希特

不知道你有没有这种感觉，平时学习的时候明明学会了，可是考试的时候却会做错。除了懊恼自己之外，还要深层次地探究出现这种情况的原因。事实上，这种情况并不关乎你的学习情况，更多的是由于心态上的原因。如果你想要在各种考试中脱颖而出，就要有良好的心理素质。要想做一个竞赛型选手，就要学会掌控自己的紧张情绪。每个人都会不由自主地产生各种情绪，但并不是所有的人都能掌控好自己的情绪。在情绪失控之下，人往往会变得紧张、担忧、害怕，甚至歇斯底里，犯下不可挽回的错误。一个人如果能够掌控好自己的情绪，实际上就是在一定程度上掌握了自己的人生。

哈佛大学心理学教授丹尼尔·戈尔曼博士指出，一个人了解和控制自己情绪的能力，对这个人未来的影响，要比他的智商起的作用更大。俗话说"冲动是魔鬼"，许多人在情绪冲动时，往往会做出令自己后悔不已的事情。如果在各种考试竞赛中紧张、恐惧的情绪无法消除，也会导致人生的失败。因此，学会有效疏导和控制自己的情绪，是一个人走向成熟的标志，更是迈向成功的重要基础。

一般来说，紧张是人正常的心理反应，但是我们不能成为情绪的奴隶，不能让任何消极的心境左右人生。消极情绪对健康是十分有害的，一个情绪紧张、经常发怒和充满敌意的人，很可能患有心脏病，哈佛大学调查了1600名心脏病患者，发现这些人中经常焦虑、抑郁和脾气暴躁者，要比普通人高3倍。因此，可以毫不夸张地说，学会疏导和掌控自己的情绪，是一件生死攸关的大事。戈尔曼教授推荐以下几点建议，教大家如何控制和疏导紧张的情绪。

1．寻找紧张和忧郁的原因。

一个人如果总是闷闷不乐或者忧心忡忡，那么你所要做的第一件事，就是找出造成这种情绪的原因。

29岁的弗朗西斯是一名广告公司的职员，她一向心平气和，可是有一阵子情绪却很不好，每天都会感到内心焦虑紧张，就像换了一个人似的，对同事对丈夫都没好脸色。对此她很无奈、无法控制。后来她发现，原来扰乱她心境的，是自己担心会在公司最重要的一次人事安排中失去职位。她说："尽管我已被告知不会受到什么影响，但我心里对此仍然感到隐隐不安。"弗朗西斯了解到自己真正害怕的是什么之后，她立刻觉得轻松了许多。她将内心的这些焦虑用语言明确表达出来，便发现，事情原来并没有那么糟糕，心情也舒畅了许多。找出问题的症结后，弗朗西斯便集中精力对付它："我开始充实自己，工作上也更加卖力。"弗朗西斯不仅消除了内心的焦虑，由于工作出色，还被委以更重要的职务。

2．遵循规律。

加州大学心理学教授罗伯特·塞伊说："许多人都将自己的情绪变化归于外部发生的事，却忽视了可能与身体内在的生物节奏有关。我们吃的食物、健康水平及精力状况，甚至一天中的不同时段，都可能影响我们的情绪。"塞伊教授发现，那些睡得很晚的人可能情绪更不佳。人的精力往往在一天之始处于最高峰，在午后有所下降。塞伊说："一件坏事也许并不一定能使你感到烦心，但是它往往会在你精力最差的时候影响你。"

3．要保证睡眠充足。

最近一项调查表明，美国成年人平均每晚的睡眠时间还不足7小时。睡眠不足对人的情绪影响极大，那些令人紧张和烦心的事，就更容易左右睡眠不足之人的情绪。因此，为了改善紧张的情绪，就要尽可能为自己安排充足的睡眠。

4．经常亲近大自然。

与大自然亲近，有助于缓解紧张情绪，使心情变得愉快开朗，一位著名歌手说："每当我心情沮丧、抑郁的时候，我便去从事园林劳作，在与花草林木的接触中，我的紧张与不快之感也烟消云散了。"即使我们走到窗前眺望一下窗外的青草绿树，也会对人的心情有所裨益。密歇根大学心理学家斯蒂芬·开普勒，做过这样一个有趣的实验，他让两组人员分别在不同的环境中工作，一组的办公室窗户靠近自然景物，另一组的办公室位于喧闹的停车场，结果发现前者比后者的工作效率高，也较少出现不良心境，情绪更安定。

5．经常做健身运动。

这是驱除不良心境和紧张情绪的一个极为有效的自助手段，哪怕只是散步10分钟，对克服紧张情绪和坏的心境，都能收到立竿见影之功效。研究人员发现，健身运动能使身体产生一系列的生理变化，其功效与能提神醒脑的药物很类似，却比药物更胜一筹，因为健身运动对身体有百利而无一害。在运动之后不妨洗个热水澡，效果会更佳。

6．饮食要合理。

不要过饥过饱，也不要大鱼大肉。营养生化学家詹狄斯·瓦特曼认为，碳水化合物更能使人保持心境平和、感觉舒畅。因为碳水化合物能增加大脑血液中复合胺的含量，而这种物质是一种人体自然产生的镇静剂。各种水果、稻米、杂粮等，都是富含碳水化合物的食物。

7．要积极乐观。

人的情绪就像一块亲手编织的彩毯，全看自己喜欢用哪种色彩。如果你偏爱用灰黑色的毛线，那么就会织出黯淡无光的效果；如果你只用白色毛线，毯子就会像一片空白一样单调无味；如果你善于使用各种颜色自然地交织，你的彩毯就会织得色彩缤纷。同样的道理，如果你们能够调控自己的情绪，而不淹没在情绪的低潮中，你们的人生也必定像美丽的彩毯，缤纷生动的色彩，使生活变得有滋有味。

心理学家米切尔·霍德斯说："一些人往往将自己的消极情绪和思想等同于现实本身。其实，我们周围的环境从本质上说是中性的，是人给了他们积极或消极的价值，问题的关键是你倾向选择哪一种。"霍德斯将同一张卡通漫画显示给两组被试者看，要求一组人员用牙齿咬着一支钢笔，就仿佛在微笑一样；另一组人员将笔用嘴唇含着，所以难以露出笑容。结果发现，前一组被试者比后一组认为漫画更可笑。这个实验表明，人的心情的不同，往往并不是由事物本身引起的，而是取决于我们是以什么方式看待事物。

哈佛大学的一项研究显示，一个人成功、成就、升迁等原因中，有85%是因为拥有了正确的情绪，而仅有15%是由于掌握了熟练的专门技术。换句话说，这就意味着我们需要花费85%的教育时间与金钱，来学习15%的成功机会，而仅花15%的时间与金钱，来学习85%的成功基石。美国心理学之父、哈佛大学的威廉·詹姆斯教授说："这一划时代的重大发现，就是我们可以从控制情绪来改变生活。"

哈多克在《意志力决定成败》一书中说："最重要的，是要将愤怒、妒忌、沮丧、紧张、乖戾的感觉、愠怒的思想和烦恼，都用你坚决自主的意志，将它们永远从脑际赶出去。它们都是生理上的魔鬼，不但扰乱神志，而且会用有毒的和歪曲的细胞侵害你的身体。它们阻滞原来平衡的血液循环，所产生的毒素是绝对致命的，它们会压平和粉碎神经组织的细胞，诱发对活泼意志有害的生理状态，它们驱除希望，阻碍高尚的动机，使人日趋下流。所以一定要从生命中去除它们，将它们屠杀和监禁——无论哪一位能如此做的人，都将发现，自己具有能够应付所有日常问题的意志。"

若你常常感到情绪不宁、心神颓丧，如果你在学习中习惯遇事懊恼、抱怨，或是一再念念不忘，那么你将永远都得不到片刻的安宁和自由。凡是尝到苦头的人，都应该多想想开心的往事，回想一下在艺术领域或大自然里所曾见过的美丽事物，多阅读一些使人振奋向上的书籍；当所有的郁闷烟消云散，整个人顿时会变得开朗起来，阳光从此替代阴暗，喜乐替代忧愁。正如威格斯夫人说："要想获得快乐的法门，就是当你觉得不开心的时候，你就要开口大笑。当你头痛得要命时，你就想想别人还有更多的困扰。当乌云密布不见阳光的时候，你就要始终相信，太阳依然在乌云的背后散发光芒。"

你以什么样的心情来面对生活，生活就会以同样的面貌来对待你。当你早晨起床，面对一些使人厌烦和紧张的事情，而觉得内心抑郁和沮丧的时候，不妨坚定地打定主意：无论发生什么事，你都要将这一个特别的日子，作为你一生的一个"欢乐日"。这样，就不至于在烦闷忧虑中虚度一日，不仅如此，还要在毫无困扰的情况下完成某件事，当然就会更有成就感。一个人如果没有紧张、犹疑，没有了恐惧、没有了颓丧，那他一定是一个生活悠然自得的人，完全可以轻松应付各种考试与竞赛。

◎哈佛心理评估：你的竞争能力是否可以应对日趋激烈的竞争？

哈佛注重培养学生的竞争意识，因为竞争无所不在。无论在学校还是在职场，你都需要面对各种各样的竞争。以下每一题中有5个答案供选择：A和自己完全不符；B某些方面像；C符合与否都没关系；D非常符合自身情况；E所有方面都相符。请根据你的实际情况进行选择。

1. 我更乐意在团体中学习，平时互相促进。
2. 如果别人的文具比我的好，我就想买更好的，总之，要比别人好。
3. 我喜欢在打扮上比别人更优越。
4. 别人成绩好对我来说是一种动力，会让我加倍努力。
5. 我从不和别人攀比成绩和穿着。
6. 我家的电器都是市场上最好的。

7. 如果别人问一个我不懂的问题，为了面子我也会装作明白。

8. 被问及私人问题，为了自尊会把不好的情况隐瞒。

9. 参加体育项目只在于乐趣，不在于名次。

10. 我更倾向于个人比赛，因为团体赛个体差别太大，不好配合。

11. 不喜欢和比我棒的人在一起。

12. 在我面前假装自己很在行的人令人生厌，尤其我很懂的事。

13. 做干部要牺牲自己的个人空间，所以我喜欢做小角色。

14. 有个亲密的异性朋友是一个很有魅力的人，我对此很高兴。

15. 我不喜欢只求与世无争的理论，人是应该互相竞争的。

16. 成功的人也有不如意的地方，所以不必和他们攀比。

17. 如果能得到丰厚的回报和认可，拼命学习是值得的。

18. 我只求安安分分做好自己的事就行，别人怎么争与我无关。

19. 面对一件错综复杂的事，我们应该回头想想，不能一味争强好胜。

20. 我愿意先苦后甜，取得最终胜利。

21. 我不会参加那些没有可能获胜的比赛。

22. 对于一个人来说，争强好胜并不是最主要的事。

23. 为了引起别人的注意，我愿意做任何别人看不上的工作。

24. 靠挤压别人来成功，并不是唯一可行的路。

25. 我平时总用诸如体力、学习效率等指标进行自我测试。

答案分析

题号为1、5、9、13、16、18、19、22、24的题目计分方法：A记5分；B记4分；C记3分；D记2分；E记1分。

题号为2、3、4、6、7、8、10、11、12、14、15、17、20、21、23、25的题目计分方法：A记1分；B记2分；C记3分；D记4分；E记5分。

25～51分：你企图心不强，逃避现实，害怕与人竞争，并强烈地害怕成功，这种害怕和焦虑，可能就是你不愿竞争的因素。有时可能是缺乏安全感造成的。你会觉得，要在成功的大道上迈开大步实在困难。

52～70分：你总是想办法避免和别人竞争。这种类型很多人心态老，或许觉得没有必要像过去那样辛苦地在竞赛中奔跑。得分低的人比较容易有罪恶感，他们希望别人喜欢他们胜于去获取成功。

71～86分：你会根据现实情况选择是否参与竞争。你不会事事争强好胜，通常会视情况决定是不是参与竞争。若有足够成功的把握，就会增加你的竞争性。这种类型的人很容易受"奖赏"的影响，只要有足够的报酬，就会参加竞争，希望表现优异。

87～97分：你乐于接受挑战，与人竞争，你开放、引人注目、企图心强、知识丰富、有见地，属于成功导向的人。你愿意承担风险，对获取成功的努力有坚定的信心。对你而言，竞争是一种生活态度，是一种有意思的挑战。

97分以上：你会追逐胜利，一味与人争强好胜，你通常是为竞争而竞争，几乎无所不争。对你而言，竞争的过程比为何竞争的理由和赢得胜利更重要。这类人是好斗士，成功几乎手到擒来。但是把世界视为战场很危险，只有战友和敌人，没有朋友。

沉稳心细是逐渐成熟的表现

> 一个有心的人都不应该忽略生活中的每一件小事，因为成功的机会往往就隐藏在细微之处。在学习和生活中，每个人都应该善于发掘身边的小事，从小事做起，那么机会就会随之而来。
>
> ——哈佛职业规划课教授 亚当斯

哈佛大学的校园里，你不可能看到妖艳浮夸，每个人都很成熟。我们的高中生则不是，由于心智不成熟，经常会因为一些别的事情而分心，比如过度追星，过度攀比等。在高中学习中，沉稳心细也是要修炼的一种重要品质。

沉稳心细是一种习惯。很多人都有粗心的毛病，每次考试都会粗心大意，不是计算题过不了关，就是文科读题时审题不清，这实际上是心智发育不健全的标志。哈佛家庭教师指出，在某种程度上，造成"粗心"的一个原因，是有些同学只重自身的智力开发、轻视养成良好的学习习惯所导致的。有意矫正粗心的行为，不仅可以培养良好的学习习惯，还能进一步发展成熟的思维方式，改善内在的心理品质。

培养沉稳心细的学习和工作习惯，多渠道、多方位地克服粗心与毛糙。具体要注意如下几点：

1. 要养成认真仔细的学习习惯。

我们要懂得，世界上无论做什么事情，都要讲"认真"二字，要细心更要耐心。比如在做题时，题目要仔仔细细看，问题要认认真真想，字要写得清清楚楚；做任何事情，都要讲效果、讲质量，不能急于求成，而是要考虑周全，按部就班地逐一做好。有了自觉、认真的态度，就会逐步养成仔细稳妥的习惯，"粗心"的性格也很快就能改掉。有的人会说："我心里面也是这样想的，但做的时候却总是糊里糊涂的。"这实际上就是因为对自己要求不严格造成的结果。万事开头难，从身边的小事做起，努力养成认真仔细、周全稳妥做事的好习惯。

2. 要培养自我教育的能力。

我们每个人长大以后都要一步步走向成熟，终要离开自己的学校走向社会工作。所以，培养自我教育的能力是非常必要的。第一步是要学会正确地了解自己，第二步是根据自己的特点，定出今后努力的方向，第三步就是要养成随时自我检查的习惯。通过检查避免错误。要想做事稳妥细心，那么就应该认真检查，这是做好事情的关键环节。所以就要养成每次做完作业或在测验考试以后，都要回过头去再认认真真地进行检查，看看有没有错误和遗漏的地方。检查可以用多种方式。如果时间允许，就应该从头到尾或从尾到头进行仔细的检查，及时改正错误，补足遗漏之处。如果时间不够，可以进行重点检查，注意那些自己最容易疏忽、做错的地方。这样做对培养自己认真沉稳细心的好习惯，都是很有帮助的。

3. 设计好方案之后再动手去做。

当我们接到一项任务后，很多人往往习惯于立即动手去做，直到遇到了困难，才会停下来想一想，可是此时却往往发现，已经做过的那些其实并不需要。为了避免陷于这种被动局面，就要学会先想后做。就是要先想一想应该做什么、需要什么、具体怎么做。当设计好了方案之后，再开始动手去做。比如在晚上做完作业整理书包时，就应该先想一想，明天需要用到哪些东西？怎么放置比较合适？然后再装书包。而不是拿起书包，见到什么就装什么。而且这样乱拿乱放，很容易造成物品的丢失或损坏。

4．准备一本错题集。

为了更详细地了解自己哪些地方最容易疏忽，哪些地方经常做错，以便找到这些错误的规律，就要把每次在作业、测验、考试中做错的地方，逐一进行登记，并做好订正，以加深印象。这样坚持不懈，经常查看整理，一方面可以摸到自己的错误与漏洞产生的规律，再根据这些规律进行改正缺点的练习；另一方面更容易养成严格要求自己、一丝不苟的良好习惯。

5．要想培养沉稳心细的性格，还要养成多问的学习习惯。

这可以从新闻行业得到最好的印证，那些信息每天都是怎样登上报纸、进入电视和广播的？这些全都是新闻记者问出来的。多提问，恰恰是我们在学习过程中一个最关键的要素。只有心细好问、多问，才能解决学习中那些不明白的地方，才能有的放矢地提高学习效率，才能在积极的情绪中真正学好知识。

6．还可以为大脑巧妙地配一幅图画，有益于养成细心无漏的习惯。

我们知道，图画是以分类和关联的方式在大脑中存储信息，并且将信息存储在树状的树突上的。如果能利用大脑本身的记忆方法进行学习，就会学得更容易、更迅速。这种方式可能凭借"画脑图"实现：用树状结构和图像，再铺以颜色、符号、类型和关联画脑图：

想象自己的脑细胞像许多棵树，在每一个分支上存储相关的信息；在一张白纸上用树形排列题目的要点；在纸的中央，从主题开始，用一个符号代替，然后从主题上画出分散出来的分支；用一个词或一个符号记录回忆的要点；将相关内容放到同一分支上，每一内容如新的亚分支分散开来；尽可能多地画图和符号；完成后，每一分支用不同颜色的铅笔将其框上；将内容有规律地补充到每一张图上。这样，当在每一学科中学到更多要点时，就很容易从概要开始，使脑海中的图像更加丰富、充实。

幽默并不是粗野的嘲笑，也不是哗众取宠，而是以乐观的态度看待人生，以宽容的心态对待他人。能够客观地洞察自己，同时以幽默的态度面对生命中的起起落落，这才是沉稳的成熟人格的表现。磨炼出这种沉稳的个性，才能算得上是一个真正成熟的人。只有客观地、积极地、理性地面对人生，才能感受到成熟的人格带给自己的魅力，体会到这种性格对自己未来的价值。

◎哈佛心理评估：帮助你进行社会适应能力的自我判别。

现代哈佛大学重点培养学生适应社会的能力和创造性人格，这是现代人生存与发展的基本能力，从某种意义上表明一个人的成熟程度。此项测试有20道题，每题备有5个答案，只能选一个答案。请在10分钟之内完成：

A. 与自己的情况完全相符
B. 与自己的情况基本相符
C. 难以回答
D. 不太符合自己的情况
E. 完全不符合自己的情况。

1. 在不认识的人面前公开出现，我总是感到脸红、心跳。
2. 能和大家融洽相处对我很重要，为此我经常放弃真实的想法，以便与多数人保持一致。
3. 只要检查身体，我的心脏就跳得很快，可我在日常生活中并不这样。
4. 哪怕在热闹的大街上，我也能全神贯注地看书、学习。
5. 参加某些竞赛活动，周围的人越热情我就越紧张。
6. 越是重大考试成绩越好，比如升学考试成绩就比平时高许多。
7. 如果让我在没有别人打扰的空房子里进行一项重要工作，那我的成效一定很好。
8. 不管面临多么紧张的情形，我都能自如应对。
9. 哪怕倒背如流的公式，老师一提问也会忘掉。
10. 在大会发言时，我总能赢得最多的掌声。

11．在与他人讨论问题时，我很难及时找到反击的语句。

12．我很愿意和刚见面的人随意地聊天、说笑。

13．家中如果来了客人，只要不是找我的，我总是想法避开，不打招呼。

14．即使在深夜，我也不怕一个人走山路。

15．我一直喜欢自己完成工作任务，不愿与人合作。

16．只要有这种安排，我可以没有任何不满和抱怨通宵工作。

17．我对季节的变化比别人敏感，总是冬怕冷夏怕热。

18．在任何公开发言的场合，我都能很好发挥。

19．每当生活环境发生变化，我总是感到身体不适，闹些小病，如发热、咳嗽等。

20．到新的环境工作、生活，周围再大的变化对我也不会有影响。

答案分析

题号为单数题目的计分方法：A计1分；B计2分；C计3分；D计4分；E计5分。

题号为双数题目的计分方法：A计5分；B计4分；C计3分；D计2分；E计1分。

20～51分：你的社会适应能力很差，不太适应生活节奏和周围环境的变化，对于改变总是充满恐慌，缺乏主动适应环境的积极性。

52～68分：你的适应能力一般，还有待提高，你完全有能力以更高的热情、更积极的态度主动适应身边的人和事。

69～100分：你有很强的适应能力，无论是自然界的变化，还是地域、环境的变迁，你都能自如应对。

第五章

诚信能发出比智慧更诱人的光泽

作弊是最低劣的手段

美国现有高校四千多所，是世界上高等教育最发达的国家之一，各大学都十分重视学生的学术诚信教育，特别是像哈佛这一类的研究型大学，从学生一入校就开始进行教育。

哈佛的教育宗旨是，合格的学生必须是以诚信为前提的。哈佛大学专门制定了"学生学术诚信条例"，对考试作弊、论文抄袭等不诚实的学术行为，从定义、表现形式到处罚规则和申辩程序，以及论文引用文献时所应遵循的规范等，都一一做了详尽的规定。哈佛大学还建立"荣誉守则制度"，在新生入学时，每一位新生都要在荣誉守则上签名，做出学术诚实保证，并以此作为新生能够入学的条件之一。

哈佛严格的学术规范，是独立思想得以科学论证的重要保证，一切抄袭、剽窃和改头换面的移植，都是哈佛在教学、研究和学习中的大忌。哈佛教授要求学生论文的所有观点，必须要建立在扎实的文献搜集、分析和研究的基础之上，要求作为主要依据的文献，也必须是规范化的学术研究的产物。

哈佛大学认为，作弊是一种最低劣的手段，因此，对舞弊处理往往非常严厉。2005年3月8日，哈佛大学取消了119名申请者的入学资格，就是因为这些申请者在学校发放录取通知书之前，利用一个在线申请软件的安全漏洞，侵入学校网站偷看录取结果。对此，哈佛商学院院长基姆·克拉克发表声明说："这种行为是不道德的，这是对诚信的严重违背，没有辩解的余地。任何申请者一经发现有此行为，将不予录取。"克拉克还说，商学院培养学生的标准是品格正直，判断力准确，而且道德高尚。

鼓励和培养独立思想，是哈佛大学的教育之本，每当新生入学，都会拿到《哈佛学习生活指南》，其中有这样两段话：独立思想是美国学界的最高价值。美国高等教育体系，以最严肃的态度反对把他人的著作或者观点化为己有——即所谓的剽窃。每一个这样做的学生都将受到严厉的惩罚，直至被大学驱逐出去。所以，当学生在准备任何类型的学术论文的时候，包括平时的作业、课堂口头发言稿、考试论文等，你都必须明确地指出，文章中有哪些观点，是从何种形式的文字材料上引用的，或是借鉴何人的著作而来的。

那么哈佛大学是怎样训练保持学生的独立思考能力的呢？又是如何防止抄袭论文或是剽窃他人的观点呢？哈佛大学一开始就让学生明白，独立思考是学校第一教育原则。

2008年7月，在美国哈佛大学行政学院——肯尼迪学院的新生欢迎会上，主持人警告说："每年都有三四名不能如期毕业的学生，就是因为剽窃的缘故。我们不允许这样的'失误'。"哈佛大学行政学院的学生贾森·任说："欢迎仪式内容的一半以上，都是有关剽窃的警告。"

哈佛大学的在校生，每个学期都得在"如果剽窃，甘受任何处罚"和"学问正直备忘录"上签名。为了避免无意中的剽窃，哈佛大学总会在事先给学生发一本《学会引用——大学生论文写作指导手册》，来告诉学生应如何正确使用参考文献，还举例说明，怎样杜绝剽窃陋习而保持诚信。这本书，几乎是每一个哈佛学生在校求学期间，唯一的一本从始到终陪伴他们的书。当学生在准备任何类型的学术论文时，包括口头发言稿、平时作业、考试论文，你都必须明确地指出：在你的文章中有哪些观点，是从别人的著作或任何形式的文字材料上引用或借鉴而来的。

哈佛教授也要教会学生进行独立思考，还要使学生养成独立思考的良好习惯。在哈佛大学肯尼迪政府学院，共有包括院长在内的5位聘评委员会，要对所有外来教师进行专门的审聘。教授们对学生提出的问题，往往不给予直接的回答，他们不认可学生采用那种不费脑筋的学习方法，而是鼓励学生亲自到有关的书籍中自己去寻找答案。还经常引导学生到图书馆查找相关资料，或者亲自做实验等方法来寻求答案、解决问题。这样的方式，能使学生渐渐发现，自己所得到的收益要比预想的要多得多。老师同样会鼓励同学，提出超出知识和经验以外，甚至超出老师知识和经验的问题，思考那些还未得出答案的问题和事物。

说出自己的观点，不管你的观点多么肤浅甚至可笑，不管是否触动了某个权威，只要你自己认为合理，那么在哈佛就会受到鼓励和赏识。要独立思考，就要求必须有面对浩瀚的资料、各种观点，能够从中得出自己观点的能力，有批判借鉴各种观点，最后形成自己认识的能力。

哈佛大学认为，让学生学会独立思考，要比告诉他一个答案更有意义。搞清楚问题最终的答案固然很重要，但是更为重要的是，要在解决问题的过程中进行独立思考。不要轻易接受别人的观点，而是让每一个经过自己思考的观点，都能通过大脑的过滤，最后形成自己对问题的系统认识，这就是哈佛人的学习模式。

独立思考是一种能力，可以从中找到规律性的东西，帮助你解决一系列问题。如果在学习上学会了独立思考，那么在为人处世的其他方面，也就会进行独立思考、动脑筋，不会只想着去问别人甚至作弊。而这又涉及更为深远的意义——培养人独立的个性。

早在一百多年前，哈佛大学的毕业生、著名哲学家和心理学家威廉·詹姆斯就曾经这样说过："就培植自主与独立的思想而言，除了哈佛大学，无出其右者。哈佛的环境不只允许，而且还鼓励人们从自己的特立独行中寻求乐趣。相反，如果有朝一日，哈佛想把它的孩子塑造成一种单一固定的性格，那将是哈佛的末日。"

哈佛大学教授认为，独立思考的能力是一种随着年龄增长，而必须拥有的一种能力，并且还总结了培养独立思考能力的11个窍门。

1．有疑问就要发问，不要害怕提出问题，即便是一些别人都没问过的问题。

2．经验比权威更重要。如果有专家、权威人士要让你相信什么，但是和你的实际经验相抵触，那么不要被他们吓倒。

3．理解对方的意图。如果别人找你谈话，一定要清楚对方的意图是什么？要想明白，他们对你所说的话有没有什么背后的原因？

4．不要觉得自己必须随大流。要思辨，这是哈佛的传统。

5．要相信自己的感觉。如果你觉得不对头，那么很可能真的有什么不对的地方。

6．要保持冷静。保持冷静和客观，可以使你的头脑更清醒。

7．多积累事实。事实是验证真理的唯一标准。

8．要从不同的角度看问题。每个事物都有多面性，应尝试从不同的角度去认识问题解决问题。

9．设身处地了解对方的处境，才能更好地了解对方的想法。

10．勇敢地鼓励自己，站起来说"我不同意"。不要害怕，经过磨砺才能成长。

哈佛教授的知识广博，阅人无数。假如你在自己的论文中引用了他人的观点，却没有做出说明，那些教授们一眼就能看出，你做人做学问的诚实度有问题，即便教授们不能凭借慧眼全部识别出来，哈佛也会有专人和专门的系统，来帮助他们揪出那些混在其中的不诚实分子。

美国大学设有防止论文剽窃系统，但是自从互联网诞生后，抄袭情况就变得有些失控。在2006年的时候，有一家知名报社曾经对美国6万名大学生进行了调查，结果显示：约37%的本科生承认，他们的论文中有部分内容是从网上抄袭而来的，3%的学生承认，他们所提交的整篇论文都是从网上下载的。所以，哈佛学生每年受到学校纪律处分，甚至因作弊而被开除的学生几乎在成几何倍数增长。所以在哈佛读书，每个人都不得不学会独立思考，因为唯有独立思考的学生才能在哈佛拥有一席之地。

哈佛大学荣誉校长陆登庭教授认为："学生是处于实习阶段的学者和研究者。"在这个阶段，不仅要向学生传授各种知识和理论，更要教会他们做到学术诚实。在哈佛大学的《学习生活指南》上面，还用加大加粗的字体这样写道："独立思想是美国学界的最高价值。美国高等教育体系以最严肃的态度，反对把他人的著作或观点化为己有——即所谓剽窃。"正是这种捍卫独立的思想，制止作弊、减少剽窃的大学理念，使哈佛形成一种健康的学术氛围。这种健康的学术氛围，有助于学生养成独立和创新的精神，为日后的工作和研究奠定良好的基础。

◎哈佛心理评估：测测你的自制能力如何？

1. 你忙得晕头转向，电话铃声响个不停，你连忙接听。对方抱怨你接晚了，可是他打错了：

    A. 告诉对方"您打错了"

    B. 说是火葬场，咔嚓挂断电话

    C. 告诉对方要找的单位

    D. 我是××单位，请另拨号

2. 排长队买车票不耐烦，有人在你前面加塞儿：

    A. 加就加吧

    B. 后边去

    C. 后面的人有意见

    D. 排好队也不慢

3. 你提前放学帮妈妈打扫屋子，却打碎了花瓶，妈妈回来批评了你：

A．很委屈地听了

B．"我又不是故意的。"回房间

C．"本来没事儿的，门口忽然有动静。"

D．你高兴地说："这次没做好，下次一定不会了。"

4．就餐后发现服务员少找给你2元钱：

A．她不承认也没有办法，悄然离去

B．气势汹汹质问她"想讨便宜"

C．什么也不说，将一只杯子装进口袋

D．对服务员说：你多收了我2元钱

5．你刚买回一台录像机，一位朋友要借用几天，你不愿借：

A．心里老大不愿意，还是借了

B．不但不借，还说给他难听话

C．"你不来借也要让你用几天，只是不巧被别人借走了。"

D．"我刚买来，看看质量没问题第一个借给你。"

答案分析

多数选A者：逆来顺受，个性不明显，消极退让，有时不分良莠。

多数选B者：自制能力较差，脾气暴躁，做事毫无顾忌，给人缺乏修养的印象。

多数选C者：自制能力较强，为了不激化矛盾，会变相发泄。

多数选D者：自制能力很好，宽宏大量、待人以诚，很有雅量。

分析利弊，避免习惯性说谎

> 不要说谎，不要害怕真理。
>
> ——世界著名作家　列夫·托尔斯泰

马克·吐温说："实话是我们最宝贵的东西，我们节省着使用吧。"是的，一个人如果希望自己成为品行高尚的人，那么无论何时都要选择与诚实为伍。对别人诚实，同时也要对自己诚实，久之你就会发现，这才是你最大的利益和财富。做一个真正的人，就要讲求诚信，越是在艰难时刻，越要守住自己的道德防线。那些具有高尚灵魂的人，总是将诚信作为自己的行动指南。

哈佛学子富兰克林曾经说："平凡人最大的缺点，是常常觉得自己比别人高明。"正因为大家都可能有这样的缺点，所以每个人都抱着投机取巧的心态尔虞我诈，到最后的结果就是聪明反被聪明误。真实地面对自己，同时真实地面对别人，真实地面对社会，而不屈从于自己内心的欲望，不屈从于自己内心的恐惧，也不掩饰自己的错误，这是不容易做到的。承诺别人的，要信守，承诺自己的，也同样要信守。

人们都知道变色龙这种爬行动物，会时刻保护自己变化身体的颜色，和周围的树木花草的颜色一致，变色龙的变色能力，使天敌难以发现。在我们的生活中，也存在着像变色龙一样的人，别人很难知道他们心里真正想的是什么，从而欺骗他人。对于虚伪的人，大家都非常痛恨。而虚伪的人往往又像变色龙一样，将自己隐藏起来，让人难以发现。

哈佛人认为，诚信是衡量人的品行是否高尚的一把尺子，而这把尺子适用于所有人。在哈佛，如果考试和学术科研中，有不诚实的言行，就会备受人们的鄙薄。诚信不仅是一个人品行的证明，同时还能使人树立强烈的责任感，对家庭、对工作、对朋友、对社会等。诚信是做人的根本，是一切美德的根本。一个人要想获得别人的信任与尊重，首先就应该做到诚实。因为欺骗别人，最终会欺骗自己。因而，诚实守信应该是我们每天的必修课。我们要在内心树立坦诚正直的信念，让自己成为表里如一的人，面对虚伪，绝不能同流合污。一个对自己和他人都保持诚实的人，一定可以实现更高的理想。诚实守信是做人最基本的道德修养，会让我们的人生变得更加辉煌，更加灿烂。谎言和欺骗也许会暂时让自己戴上耀眼的光环，但光环一旦褪去，必将暗淡无光。

在哈佛的课堂上，有这样一个故事：

　　有一对夫妻，为了增加一些收入，决定开一家烧酒店。丈夫烧制的酒很好，他为人真诚、热情，是个老实人，于是一传十，十传百，源源不断的客人，常常把他们的小店挤得水泄不通。烧酒店生意越来越兴隆，烧酒常常供不应求。

　　看到生意这样好，夫妻俩便决定扩大生产规模，把挣来的钱投进烧酒店，再添置一台烧酒设备，以增加烧酒的产量。这样就可以满足更多顾客的需求，又可以增加收入，早日致富。

　　这天，丈夫外出去购买设备，临行之前，就把烧酒店的事都交给了妻子，叮嘱妻子一定要诚实经营，善待每一位顾客，千万不要与顾客发生争吵。一个月之后，丈夫外出采购归来。妻子一见了丈夫，便按捺不住内心的激动，神秘兮兮地对他说："这几天，我可知道了做生意的秘诀,像你那样是永远都发不了财的。"丈夫一脸困惑,不解地问:"咱们做生意靠的就是诚信,咱家烧的酒好,卖的量足,价钱也合理,所以大伙才愿意来买咱家的酒,除此之外还能有什么秘诀?"

自作聪明的妻子不等听完,就用手指着丈夫的头说:"你这榆木脑袋,现在谁还像你这样做生意啊?你知道吗?我这几天我赚的钱,比咱们过去一个月挣的还多呢。秘诀就是我往酒里兑了水。"

丈夫一听,肺都要气炸了,他无论如何都没想到,妻子竟然会往酒里兑水!他冲着妻子大吼了一句,就把剩下的那些兑了水的酒全部都倒掉了。他当然知道,妻子这样坑害顾客的行为,彻底将他们苦心经营的烧酒店的牌子砸掉了,他当然知道这意味着什么。

自那以后,丈夫尽管想了许多办法,竭力挽回妻子这一个月以来给烧酒店所带来的损失,可是"酒里兑水"这件事,还是引起顾客的极大不满,使烧酒店的生意日渐冷清,后来不得不关门停业了。

哈佛精英是怎样炼成诚实品格的?诚实可以让人的心灵变得高尚,同样也可以使人活得更轻松。谎言总有一天会被揭穿,而且说谎会让人感到十分疲倦。因为即便只说了一句谎言,也需要用更多的谎言来掩饰这个谎话。说谎话其实是一件让人感到很累的事情,所以只有诚实的人才能享受轻松的人生。

诚实守信是世界上最好的广告,很多大商行、大公司的名字和品牌,仅仅因为诚实守信,就会价值数百万美元。所以,做任何生意都不要贩卖诚信,因为谁贩卖诚信,就等于在贩卖他自己。然而现代人最难的处世原则就是"诚实",不只是对他人诚实,对自己也要诚实。你多计较一点儿,便会多失去一点儿,不如以诚待人、以诚待己,这才是人生旅程中最美好的一种方式。

富兰克林说:"平凡人最大的缺点,是常常觉得自己比别人高明。"这个村庄的每一户人家都抱着投机取巧的心态,所以到最后只能聪明反被聪明误。不欺骗、不隐瞒,坦坦荡荡才是正确的人生态度。如果一个人少一点圆滑世故,远离相互欺骗,多一份真诚的感情,多一些信任的目光,脚踏一方诚信的净土，就可以夯筑人生诚信的铜墙铁壁，从而浇灌出人生最美丽的花朵。不说谎话是做人的修养，也是一种普世的道德行为。只有内心诚实的人，才能善待父母、善待朋友、善待身边的每一个人。

世界需要诚实的语言，一个诚实的人终将赢得别人的理解和尊重，我们的诚实行为才能拉近人与人的距离。只有诚实的品性，才能使我们在复杂的社会中保持自己。如果整天活在谎言里，你会左右为难、处处碰壁，找不到一个真实的出口。而且如果谎言积累多了，还会危害到自己的切身利益，吃亏的往往是你自己。

要做一个诚实的人，保持优良的品格，你将永远堂堂正正地矗立在这个多变的世界里，始终受人尊敬。当你说了一次谎言的时候，请不要再继续说下去，多了你将无法收拾。承认你的谎言，你还是英雄。如实地告诉别人自己曾经说过的谎言之后，你会发现你的天空一片清丽，你的自信也将得到更大的提高。

◎哈佛心理评估：测一下你的判断力如何？

1. 铅芯厂总产量为14000000支，铅芯长度是3~6英寸（1英寸=2.54厘米），80%以上铅芯长度是5英寸，如果把所有铅芯头尾相接，连起来有多长？

A. 大约1000英里（1英里=1.609公里）

B. 大约横穿过太平洋一半

C. 在1000~1104英里之间

D. 在1000~1500英里之间

E. 答不出

2. 找出逻辑错误：

一年有365天，安妮每天睡8小时，一年中睡眠约占122天，剩余243天。安妮每天上下班1小时，还有7小时用于阅读、娱乐，又占去122天，剩下121天。

除去52个星期日，只剩69天，但每天吃饭用1小时20分钟，那么一年用去20天，只剩下49天。安妮每星期六休息半天，一年占去26天，这样只剩下9天。安妮公司一年有9个法定假日，安妮没有工作时间了。

    A．安妮当然要有工作时间，短文的说法自相矛盾

    B．某些时间重复计算。如将全年睡眠时间除去122天，但是52个星期日也被除去，这些睡眠时间就重复计算了

    C．不正确，如果安妮每天不花7小时用于阅读娱乐，上下班也不用那么多时间，她会有时间去做别的事情

    D．答不出

  3．假设美国商品生产和服务性行业今年共创造价值5000亿美元，假定人类不会毁灭，那么1000年后，美国商品和服务性行业创造的年价值将为多少？

    A．16000多亿美元

    B．15000多亿美元

    C．不足15000亿美元

    D．大约19000亿美元

    E．答不出

  4．将一组长数字加五次，得出以下的和：A．32501；B．32503；C．32501；D．31405；E．32503。哪个数可能正确？

    A．将上述5个数的和除以5得到的数32501

    B．32503

    C．32501

    D．32503

    E．答不出

  5．根据原子能的研究发展，还要过多少年才能将金的原子核撞开？

    A．10年

    B．20年

    C．大约20年

D．20多年

E．大约50年

F．100年

G．永远办不到

H．答不出

6．赛马场上，3位赌马好手用各自的方法下赌注，赌完7轮比赛，哪种方法的赌注最少？

A．鲁比在第一轮下赌注100元，第二轮下赌注110元，第三轮下120元……每一轮赌注都比前一轮增加10元，直到马赢为止

B．普特第一轮下10元，第二轮下15元，第三轮下30元……每轮赌注都是前几轮输掉的钱的总和，还要增加5元

C．琼斯下赌注第一轮110元，第二轮20元，第三轮40元……每轮都将所下的赌注加倍，直到马赢了为止

D．答不出

答案分析

1．C；2．B；3．E；4．D；5．H；6．A答对一题得2分，答错或漏答扣2分。

0～2分：判断力不佳，不能识别不利于自己的事情。

3～5分：判断力中等，还需不断尝试和实践。

6～8分：判断力良好，一眼便能做出判断。

10～12：判断力优秀，值得高兴。

诚信是所有学习和成就的基础

坦白是诚实和勇敢的产物。

——美国著名作家 马克·吐温

　　诚信向来被视为是一种做人的重要品德，是一个人的处世之本、立世之基。哈佛在录取学生的时候，设有严格的诚信审查机制，一旦发现学生中有任何不诚信的行为，哈佛就会直接将这样不合格的学生淘汰。哈佛要培养的不仅是世界一流的学术人才，更是道德上的优秀人才。诚信是成功的敲门砖，因而诚信教育是哈佛德育教育中的一项重要内容，所以哈佛在德育方面也是十分重视、颇费苦心的。通俗地讲，诚信就是说话、办事都非常实在，没有欺瞒之心，更没有骗人、害人的想法。

　　哈佛人深知，在信息时代讲究诚信是非常重要的，所以时刻都以诚信自律。讲究诚信的个人和企业，最后总会获得良好的名声，这对于日后的成长和发展是十分有利的；如果只为了眼前的利益而放弃诚信，可能就会造成长久的重大的损失。诚信就像是一个砝码，放上它，人生的天平就不会失衡，更不会摇摆不定，我们生命的指针，就会稳稳地指向一个方向，那里，正是我们的人

116

生理想。为了让学生明白诚信的重要性，一位哈佛教授举出这样的例子：

美国前总统林肯在竞选总统时，对选民讲话总是很诚恳，他没有钱，所以在竞选时没有坐专车，而是像每个普通乘客那样，买票坐公交车。林肯甚至没有钱用来搭建演讲台，所以每到一站，就只能站在朋友们为他准备的一辆耕田用的马车上，向他的选民们发表演说："有人写信问我有多少财产，我有一个妻子和一个儿子，他们都是无价之宝。此外还租了一个办公室，室内有一张桌子，三把椅子，墙脚还有一个大书架。架子上的书值得每个人一读。我本人又穷又瘦，脸很长，不会发福。我实在没有什么可依靠的，唯一可依靠的就是你们！"林肯的这些话，给人们留下了非常深刻的印象，被人们称为"诚实的林肯"。

在哈佛人看来，一个成绩不好、能力有限的人还可以进行培养，但是一个人如果有诚信问题，那么连培养的机会也不会得到。因为一个缺失诚信的人，成就就算再高，也不会对社会有益，还可能危害社会。哈佛非常重视学生的社会责任感，所以绝不会录取那些缺失诚信的人。

哈佛的毕业生有这样一个传统：捐助哈佛。哈佛的资金三分之一是来自于捐助。很多学生的家长，也都是哈佛的校友。一代一代的哈佛人走入社会上层，又把财富反馈给他们的母校。这些人每一年的捐款，是哈佛收入的重要部分。然而这种给予往往是相互的。哈佛并没有高楼大厦，只有新英格兰的红砖墙。即使诺贝尔奖获得者，在哈佛校园也不过有一个很不起眼的停车位。可是哈佛那举世无双的100座图书馆价值不凡，尤其是那些像图书馆一样的人，或者说，每个人都是一座图书馆。

一位哈佛毕业生说："培养一个诚信的普通人，远比纵容一个欺诈的硕士要严肃重要得多。"那么应该从哪些方面来培养诚信的人呢？哈佛人给出以下的建议：

1．注意小节。

许多人都很不注意在小事上遵守信用，比如借了东西不还，与人约会却总是迟到甚至失约，答应替人办某事，却迟迟都不见动静……如果这样的小事多了，且不说别人怎么看你，你自己就会养成一种不守信用的习惯，以后遇到大事，也会随意地失信于人，从而给自己事业的发展埋下隐患。

2．不要轻易许诺。

如果真做不到，那么就真诚地说"不"，这才是诚信的态度。如果什么事都拍胸脯，或是碍于情面而勉强答应别人，不但给自己增加不必要的负担，而且如果办不到的话，还会使自己失信于人。这当然不是不帮助别人，而是在做出承诺之前，一定要量力而行。

3．注意自我修养。

与人交易必须诚实无欺，这是获得他人信任的一个最重要的条件。要善于自我克制，做事必须诚恳认真，才能建立起良好的信誉；应该随时设法纠正自己的缺点；行动要踏实可靠，做到言出必行。

4．不欺骗。

不管在哪里，我们都要保持诚信。一个人如果无诚信，就已经丧失了自己的品德，就是一个身心不健康的人，不仅会影响自己，也会伤害他人，可以说就是一个骗子，这样的人不但得不到他人的信赖，在社会上也无法立足，这样的人就很难交到知心的朋友。

5．要谨慎。

学会了诚信做人，还要学会行事谨慎，一颗诚实的心还需要谨慎，谨慎对待他人，当别人信任自己时，也要小心。善意的谎言，或者经过认真选择的部分事实，都不违背诚信原则。但是谨慎，并不意味着掩饰，也不意味着讳疾忌医，这都是与诚信原则不符的。

一个人说出去的话，就好像泼出去的水一样无法收回。尤其在交际场上，如果你总是对人开空头支票，而不付诸实际行动，那么你将失去别人对你的信赖。守信的人不论大事还是小事，在任何事情上都守信。

坚持诚信这一为人处世的根本，诚实做人、诚信做事，积极为成功储备能量。因为在信息高度发达的社会里，诚信就是成功的引擎，拥有诚信的人往往能获得更大的成功。一个人最起码为人要诚实，诚恳待人，要以诚信取信于人，对人总是说到做到、信守承诺，一个光明磊落的人总是开诚布公、诚实坦白，既不欺人也不自欺。诚信的人往往更珍惜自己的名誉，总是言行一致，而不会口是心非、阳奉阴违。这样的人能够自觉抵制诱惑，从不昧着良心骗人。一旦有了错误，总是诚恳检讨、真诚道歉。做人无信不立，对人诚信就等于让自己好过，投机取巧或许能得到一些眼前的小利，却将失去更重要的信誉和更大的利益。

　　诚信还会带来一种"品牌效应"。因为诚信是社会弘扬的一种普世价值，诚信的人有信誉、有佳名，更有道义上的优势。有诚信的人说的话会得到人们的信任，而那些满嘴谎言的人早已臭名远扬，大家避之不及，更不会做真心的朋友。这就好比是商业知名优质品牌，其本身就有价值，只闻其名无须看货，便知是好产品，所以在市场上就吃得开，有长久的生命力。

　　不守信是成功之路的一大败笔。守信用的人从不轻易承诺。有句话说"轻诺者寡信"，许多人随口答应别人却兑现不了，结果被认为说话不算话，这是不能守信的最大原因。有些人本来也是一个诚实的人，但是在某些方面上吃了一点儿亏，就觉得做老实人很吃亏，于是渐渐学得越来越滑头，这是很不明智、得不偿失的。要知道，诚实的人可能会吃亏一时，但是终究不会总吃亏，因为诚实的人会以良好的品德，赢得他人从内心的信任、恭敬和尊重，在与人相处中，要想赢得好人缘，还有什么比这更重要的呢？一个人要改掉一种坏习惯比较难，可是要想放弃一种好习惯却很容易，只需一次又一次地迁就自己，好习惯就会变成坏习惯。当你染上一种坏习惯时，别人能不能原谅你并不重要，关键是你能不能原谅自己。

　　诚信的人勇于担负责任。说实话、办实事可能是毫无意义，没有任何既得利益，甚至会很吃亏，但是这种吃亏就像储蓄中的零存整取一样，在未来的某一天，肯定会给你带来巨大的财富和回报。因为大家相信你，才会愿意与你合作，在危难时刻才会帮助你。而欺诈的人可能会得到一时的利益，但是却失去所有人的信任，这就等于捡到一粒芝麻，却丢掉一座谷仓。所以诚信会给人带来长远利益，取之不尽、用之不竭，但又花钱买不来。要想获得良好的人际关系，也只能采取"以诚换诚"的对等原则，而对人不诚者是得不到别人的真诚对待的。

◎哈佛心理评估：测一测你是否具有团队合作精神？

1. 就某一个问题，当你与另一个人争论不休时，你会：

    A．坚持自己的看法

    B．尝试沟通彼此的想法

    C．坚持自己是正确的，但不强求对方认同

    D．请旁观者公平论证

2. 你做了一件错事，不巧被别人发现了，你会：

    A．主动承认错误

    B．拒不承认

    C．找合理的借口来掩饰自己的错误

    D．把错误责任全都推掉

3. 假如你和同伴去游玩，饥渴难忍时，看见一棵挂满果实的梨树，你会：

    A．叫同伴一起去摘梨   B．自己先解渴后再说

    C．让同伴去摘   D．只叫上最好的同伴

答案分析

A．3分；B．4分；C．2分；D．1分

12分：非常重视团队合作，有沟通的习惯和观念。

9～11分：有较强的团队合作精神，对自己很有信心。

6～8分：团队合作精神一般，不愿与人形成对立，人际关系薄弱。

3～5分：团队意识相当薄弱，淡化个人的主观意识。

挺起胸膛——只有不自信的人才善于欺骗

> 一个人严守诺言，比守卫他的财产更重要。
>
> ——法国著名作家　莫里哀

美国很多名牌大学，都争相录取学科成绩优良而课外活动表现突出的学生。尤其哈佛大学，非常重视各种课外活动，因为不仅能从中发现学生多方面的素质，还能大大培养学生的自信心。

美国中学生的课外活动多达四五十种，可谓多种多样，丰富多彩。这些活动分为学术活动、娱乐活动、体育活动和社区活动，包括自然科学、数学、电脑、写作、编辑、辩论等学生社团；还有娱乐性的话剧社、合唱团、乐队、舞蹈队、摄影社、桥牌社、未来农民社、少年企业家社等；也包括各种体育运动校队、体操队、拉拉队等。课外活动能够帮助学生增长才干和自信，有利于学生挺起胸膛适应社会人生，可以培养学生的素质，比如竞争心理、责任感、领导能力和人际关系等。课外活动表现突出的学生，将来走向社会，很可能就是学术或政治方面的优秀人物。

哈佛教授亨利·戴维·梭罗说："自信地朝你想的方向前进！过你想过的

生活。"在自信的激励中，人生的法则也会变得简单，孤独者将不再孤独，贫穷者也不再贫穷，脆弱者不再脆弱。只有那些不自信的人，才会把心思用在不正确的地方，才会善于欺骗。所以，一个人要永远相信自己，才能释放自己的潜能，坚定不移地朝着自己确定的方向前进。

哈佛教授把人的信心比喻成一个人内心深处的生命之火，一旦把这团生命之火点燃，我们的生命就会绽放别样的光彩。有一个穷困潦倒的年轻人，他为自己的一无所知而自卑，觉得自己一无是处。年轻人为生活所迫，不得不去拜访父亲的一位老朋友，希望他能够帮助自己找一份糊口的工作。

父亲的朋友问："年轻人，你有什么特长吗？"年轻人诚实地回答说："我没有任何特长。"

"那你对数学精通吗？"

"不行。"

"那你懂地理吗？"

"只懂一点儿。"

"那你对法律了解吗？"

"很抱歉，我什么也不会。"

年轻人满脸通红，他感到非常窘迫、无地自容，准备告辞了。这时，父亲的朋友对他说："请把你现在的住址写在这张纸上吧！"

年轻人恭顺地写下了自己的住址，准备转身离开。这时，他却被父亲的朋友一把拉住了，他看着住址对年轻人说："你的名字写得很好，这就是你的优点。你不应该只满足于找到一份糊口的工作。"

能把名字写好也算是一个优点？年轻人从父亲的朋友那里得到一个肯定的答案。于是年轻人信心大增：我能把名字写好，那就说，我能把字写好。既然我能把字写好，那么我就能把文章写好。年轻人抱着这种积极的心态，一点一点放大自己的优点，从而彻底抛下了自卑，走向了自信。这位年轻人后来果然写出了享誉世界的经典作品，他就是法国著名作家大仲马。

哈佛教授认为，每个人都有自己独特的优点，有的人的优点可能是很明显的，有的可能是较为隐秘的；有的人的优点可能是比较单一的，有的可能是比较全面的。所以一个真正拥有智慧的人，会寻找自己的优点，并逐渐放大自己的优点。在这个过程中，随着人的自信心的不断培养，一个人的能力也会得到不断的提升，这个人离成功就会更进一步。所以我们要善于观察，敏锐地发现自己所具备的优点，要让优点陪伴自己成长，不要因为眼前不如意，或者遭到别人的否定评价而丧失信心，要坚定地相信自己能行，逐渐增强信心，挺起胸膛做人。

我们不但要发现自己的优点，还要去做那些适合自己的事情。如果一个人做那些并不适合自己的事情，又怎么会把事情做好呢？因为当一个人做不适合的事情的时候，不仅没有足够的能力把事情做好，连积极性和自信心也会受到挫伤。相反，如果一个人把精力用在做适合自己的事情，那么做事的积极性就会被调动起来，内心的自信也会激发出来，就更容易把事情做好。

一个人要想培养自信心，还要不断对自己进行积极的心理暗示，经常告诉自己"我能行""我一定可以渡过难关"。如果能养成这种积极的心态，就能挺起胸膛，自信地面对人生。

哈佛教授雷切尔·卡森说：很多失败者恰恰犯了一个相同的错误，他们对自身所具有的宝藏视而不见，反而去拼命羡慕别人、模仿别人。殊不知，成功就是自信地走自己的路。事实上，我们每个人的身上都有一座宝藏，那就是人的自信心。一个人一旦沐浴在自信的海洋中，将会产生一种巨大的力量，促使自己一步步向着更高的人生台阶迈进。

在我们学习的过程中，很多自信心不足的人，都会不由自主地不想好好思考，常常为了省事，干脆直接去看答案，或者借来同学的练习本抄一抄，就算是做完了作业；还有的同学考试前也不认真复习，只想碰一碰运气。可是这只不过是图一时的轻松和逍遥。一个人如果习惯于这样做，时间长了，他的能力就会在不知不觉中逐步下降，再要想迎头赶上，就会有困难了。

不自信的人总是难免有那种投机取巧的心理。读书与学习其他任何技能一样，如果不从最基础的地方扎扎实实地一步步做起，奠定一个坚实的基础，那是很难达到最高境界的，有可能只走到某一个阶段，就会寸步难行了。这就像盖房子一样，如果基础不牢固，即使遇到轻微的地震，也很可能被震垮。因此，我们在学习中一定要相信自己，扎扎实实地打好基础，彻底放弃投机取巧的心理。

实际上，我们所学习的每门功课都有不同的特点，也都有不同的学习要领。比如数学的学习要领和方法不适用于历史；如果把学习英语的要领运用于化学，就会格格不入。很多同学却不太了解这个道理，而是将同样的学习要领运用于所有的课程，这样就难免会感到吃力、学习效率不高。而那些在头脑中根深蒂固的不良习惯，除非下很大决心，不然是很难改变的。我们应该充满信心地多学习各种优良学习方法，揣摩老师传授的学习经验，尽快纠正错误的学习习惯，而不是把心思用在投机取巧、歪门邪道上面。

诚实是一种美德，更是一种高尚的品格。这种美德可以在我们周围所有人身上体现。萨迪说："讲假话犹如用刀伤人，尽管伤口可以治愈，但是伤疤却永远都不会消失。"谎话不仅不能够使我们的生活变得轻松，反倒会让自己伤痕累累、疲惫不堪。而诚实不但可以让人生活得轻松愉快，还会让我们得到他人的尊重。

一个重视诚信的人，会得到别人的尊重，自己也会获得轻松愉悦的心情。人与人之间的交往，就是重在讲诚信，这也是做人的根本所在。你的诚实会感染身边的每一个人，你会感受到诚实的无穷力量。不说谎话的人，会时刻用一颗真诚的心去面对周围的人与事，不会让虚假的事情蒙蔽自己的心灵，做一个诚实守信的人，就是做一个轻松自在的人。

◎哈佛心理评估：你是个自信的人吗？

1. 一旦下了决心，即使没有人赞同，你也会坚持做到底吗？
2. 参加运动会开幕式时，即使很想上洗手间，你也一直忍到结束吗？
3. 如果想买好看的文具，你会尽量邮购，而不会亲自到店里去买吗？

4. 你认为自己是较完美的人吗？

5. 如果店员服务态度不好，你会告诉他们的经理吗？

6. 你不经常欣赏自己的照片吗？

7. 别人批评你时，你会觉得难过吗？

8. 你很少对人说出你真正的意见吗？

9. 对别人的赞美，你持怀疑态度吗？

10. 你总是觉得自己比别人差吗？

11. 你对自己的外表感到满意吗？

12. 你认为自己的能力比别人差吗？

13. 在聚会上，如果只有你一个人穿得不正式，你会感到很不自在吗？

14. 你是一个受欢迎的人吗？

15. 你会认为自己很有魅力吗？

16. 你很有幽默感吗？

17. 你学习的科目是你的专长吗？

18. 你懂得衣服搭配吗？

19. 在危急时刻，你很冷静吗？

20. 你与别人的合作无间吗？

答案分析

评定标准：第1、4、5、11、12、14、15、16、17、18、19、20题答"是"得1分，答"否"得0分；第2、3、6、7、8、9、10、13题答"是"得0分，答"否"得1分，最后累计总分。

13～20分：自信心十足，明白自己的优点和缺点。

6～12分：颇具自信，对自己有些怀疑。

12分以下：不太自信，自我压抑，受人支配。

"谎言"矩阵，说实话多晚都不晚

诚实是一种能够打动人的心灵的良好品质，诚实的美德即便是从小孩子的身上表现出来，也会在周围的人中产生积极美好的影响。然而检验人格的试金石，常常会在无人知晓的情况下，这时你无论做了什么，都是无人知道的。我们在生活中常常会遇到各种诱惑，但是只要坚持诚实的原则，就一定可以战胜诱惑，拒绝做它的俘虏。一个人如果能够默默地抗拒诱惑，才能使自己的人格超越别人、感动别人。

在一个周六的晚上，小姑娘詹妮像往常一样，去替她的妈妈领工钱。她在马厩里遇到了农场主安德鲁。显然他当时正处在气头上，当詹妮张口向他要钱时，安德鲁马上将钞票递给了她。

詹妮走出马厩，来到了路上，她却发现安德鲁给她的不是一张钞票，而是两张钞票。詹妮一边往家走，一边进行着激烈的思想斗争：她到底该不该要这笔钱呢？当詹妮经过自家门前的那座小桥时，她的耳边响起了妈妈对她说过的话：

"你想要人家怎样对你，你就应该怎样对待人家。"詹妮恍然大悟一般，猛地转过身，径直跑回了安德鲁的店门口。那个不耐烦的老人惊讶地问她："你这回又有什么事呢？"

"先生，您给我的钞票不是一张，而是两张。"詹妮的声音颤抖着回答道。"什么？的确是两张。难道你是刚刚才发现吗？为何不早点把它送回来？"詹妮顿时脸红了，她低下头，没有回答。老人看到一颗颗泪珠顺着小姑娘的脸颊滚落下来，于是他从口袋里取出1美元递给了詹妮。

"不，谢谢您，先生。"詹妮抽泣着说，"先生，如果您也有过连寻常的生活用品都买不起的时候，您就一定会知道，要时刻做到对待别人就像希望别人对待自己一样，对我们来说是多么的困难。"

这个一向自私的老人，听了小姑娘的这番话深受感动，他开始为自己的行为感到羞愧。詹妮却如释重负地回到了她那简陋的家中。在她此后的一生中，她从没有忘记，她是如何抵制住那一次诱惑的。

莎士比亚曾经说过这样的话："老老实实最能打动人心。"可见他对诚实品质的认可。一个人说实话，多晚都不算晚，因为诚实是培养健康人生的基础。大而言之，不诚实的人可能会损害国家和民族的利益；小而言之，不诚实的人格足以毁灭孩子做人的品质。因为在整个儿童时期，成长的主要养料就是真善美。培养一个孩子诚实的品质，是一个长期的过程，需要父母和孩子本人以及学校和社会的共同努力。千万不要以为孩子小不懂事，等长大以后再严格要求就已经晚了。因为改造一个坏习惯比塑造一种好习惯要难得多。

有一句话是这样说的："世界上没有纯粹的好人和坏人，也不全都是商人，一切看情况而定。是人都有弱点，人最大的弱点就是贪婪和恐惧。"这句话告诉了我们，人都有弱点的。既然已经承认了人的弱点，那我们为何不把自己的这个弱点消灭，做一个无私无畏、不说谎话的人呢？

一个人的弱点是掩盖不了的。当你内心贪婪的时候，那么你就是一个贪婪的人。如果不管什么时候，我们都能保持自我的人格，做一个懂得无私回报他人的人，做一个有社会责任感的人，我们的品性才能在这个复杂的社会里不致堕落，继续升华自己的人格。

一个人只要开始说实话，那么什么时候都不算晚。不要掩饰自己的任何缺点，诚实面对自我，那么你就是一个品格优秀的人，就会得到别人的尊重。可以尝试着把自己的缺点讲给大家听，主动承认自己的错误，别人反而会认为你是好样的。说话算数，才能得到别人的信任。一个人积极诚恳地用自己的品格征服别人，而不是算计着不义之财，这才是人生大智慧的表现。

哈佛精英练就的是言必信、行必果，一言既出，驷马难追的品性。因为诚信是一个人绝对不可以丢弃的品格，如果丢弃了诚信，可能会受益一时，但是一生都不会再拥有美好。一个人如果不诚信，即便有再多的知识也是不能成功的。一个人如果坚守诚信，就算只上过小学，也同样会有辉煌的一生。

是的，当一个人要承诺某一件事情的时候，的确需要凭借自己最大的努力去实现它，如果经过努力还是实现不了，就要把结果告诉给对方。这是做人最起码的一种责任，也是一种品性、品格。人生就是这样，我们只要按照高尚的品格去生活，你就会发现你的生活会变得很美好，因为你的每一句话都做到后，你会得到很大的提高，从而也会加大你的可信任度，周围的人也会因此而喜欢你，从而拉近人与人之间的距离。

一个人在说话之前一定要三思而后行，如果实现不了就不要说。因为话一说过，就要努力去实现，履行你的职责。当你的承诺没有兑现的时候，你一定要诚恳地告诉对方，让对方理解你的失败。

一家世界500强企业正在招聘雇员，条件虽然很苛刻，前往应聘的人却有很多都具有高学历。当一位应聘者走进房间，主考官立即露出兴奋之色，就像遇到了知己一样，热情地说："你不是哈佛大学某某专业的研究生吗？我比你高一届，你不记得我了？"这位应聘者心里一震，如果承认自己有哈佛学历，对他应聘绝对有好处。但是这个青年人却一向诚实，冷静而客气地说："先生，你可能认错人了。我不是在哈佛大学毕业的，虽然我很向往那里。"

年轻人觉得自己不会被录取，心中不免有些小小的失望。然而没想到的是，主考官却和颜悦色地说："你很诚实，刚才就是考试的第一关。现在进入第二关，进行业务水平测试……"这位青年终于如愿以偿，最后被录取了。如果一开始这个年轻人就没有把持住自己，冒认自己是哈佛毕业生，那么后果就可想而知了。

在"谎言"矩阵的时代，更要树立诚实做人的良好品质，这是关系到人的一生的大事，更是关系到自己的人格、品质和习惯的大事。正所谓：无信不立，坚持诚信做人，最终对自己是不亏的。因为一个人若想在社会上立足，就必须讲求诚信、远离欺骗。要想做到诚实守信也不难，就是要实实在在做事，勇于承担责任，久而久之就能够得到他人的信赖，自己的道路也会越走越顺。

◎哈佛心理评估：你的学习和工作态度怎样？

假如有伙伴邀你一同钓鱼，你会选择到哪个地方垂钓？

    A．海岸边

    B．山谷的小溪

    C．坐船出海去

    D．人工鱼池

答案分析

选A：讲究投资回报率，常以最少的资本追求最高的利润，很有生意眼光。

选B：对学习不很投入，虽然眼光远大，但缺乏冲劲。

选C：是个学习狂，拼命起来没大脑，只能听指令行事。

选D：成功且理性，只打有把握的仗，十足自信，头脑冷静。

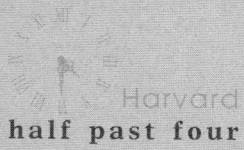

Harvard
half past four

第六章

成就哈佛毕业生"可怕"的领袖气质

善于自我表现——争做学生领袖

有力的、迅速的亮相会给你的事业有力的促进，这是表现自己具有领导能力的最关键的一步。

——哈佛大学商学院教授　威廉·埃利斯博士

常言道，疾风知劲草，烈火炼真金。在关键时刻，总有些同学能够脱颖而出。人生难得机遇，不要错过表现自己的机会，当某项工作陷入困境之时，你若能大显身手，大家一定会对你刮目相看。中国人讲究谦虚和中庸，但绝不是要求每一位同学都变成一块木头，呆头呆脑，冷漠无情，畏首畏尾，胆怯懦弱。这样的平庸之辈也许不会有什么大的错漏，但也很难有大的成就。适当地表现自己，让大家看到你隐藏的才能，这对你绝对有益无害。

有的人天生就具有领导气质，这也属于魅力的一种，是领袖的魅力。但是，也有的人是通过后天的学习和培养修炼而成的魅力。这种魅力也能形成一种独特的气质，让人脱颖而出。

无论是在工作或工作之余，我都主张把自己的才能表现出来，不要谦虚地说："不会""做不好"等，谦虚在这里不是美德，而是埋没自己才能的深渊。

有这样的一个故事：在美国，一个华侨要为自己的孩子请一个汉语家教，有两个女研究生来应试，华侨向她们问了同样的两个问题。第一个问题是："你的汉语水平如何？"第二个问题是："你的汉字写得怎样？"第一个人很谦虚地回答："我的汉语水平一般，汉字写得还可以。"而第二个人拿出了自己的文凭、获奖证书以及自己的手写稿回答说："我这两方面都特别突出。"结果是第二个人获得了这份工作，第一个人被淘汰。实际上，前者也是一个出类拔萃的人，但因她不能正视自己，不能如实地表现自己的才能而失掉了这份工作。

哈佛大学的众多专家及教授进行过相当长时间的研究，最终提出关于人们心目中理想领袖的九个标准。

1. 崇高的个人道德标准。

2. 心胸宽广，不小气琐碎。

3. 有胆识承受压力，遇到挫折不气馁。

4. 才智过人，绝非步步为营的保守派。

5. 有过人的精力，努力工作。

6. 喜欢突破传统，尝试新事物改变现状。

7. 有勇气做棘手的决定。

8. 兴致勃勃，干劲十足，热心激励别人。

9. 有幽默感。

在后来的研究与实践中，专家们发现大多数人正是以此来打造理想的领袖形象。只有符合人们理想的领袖，才能具有号召力。那么，芸芸众生中，如何才能知道谁符合这些特征，怎么才能让具有领导气质和魅力的人脱颖而出？哈佛给出四个字：自我表现。

在21世纪这个人才济济、充满竞争的时代，需要的是敢于竞争、敢于表现的人才，如今已经不再适合"酒香不怕巷子深"的说法。有才能，就要把自己的才能真正地表现出来。正如一位美国大企业家说的：再好的商品不去宣传，是得不到顾客的充分认可的。人也是一样，想要出类拔萃，就要让别人真正了解你的价值。

在成长的过程中，过于谦虚不是美德，而是埋没自己才能的深渊。在日常生活中，每个人都身怀各种各样的才能，只要你认识自己，善于表现自己，往往会激发更大的潜力，而这些将给你带来意想不到的惊喜。

无论是在校园还是在工作岗位，都应该把自己的才能表现出来，只有表现自己，才能发现自己更多的才能，不断地总结经验，这样才能不断地进步。

而在校园里的同学们，如何表现自己，让自己有更大提高，进而培养自己的领袖气质和领导能力？毫无疑问，做学生干部是一个很不错的选择。学生干部是普通学生中选拔出来的一批具有较高素质、较高能力的人才，在学校和班级集体中充当纽带的作用，是老师的得力助手，更是广大同学的忠实代表。

做过多年的学生干部的人，不仅培养了自己良好的团队合作精神，还学会了怎么严格要求自己，让自己明白了怎样提高自己的素质。并且，还懂得了善待别人，尊重别人，掌握了交往的技巧。要想有所成就，同学们从小就要勇于争当学生领袖，积极参加各种活动，培养自己良好的团队合作精神，懂得怎样严格要求自己。

如今的学生领袖需要竞争，那么学校领导和老师，为什么愿意选择由你来做学生领袖，广大的学生为什么要服从你的领导呢？什么样的学生可以做学生领袖？

1. 要有健康的心态。

2. 要有服务同学的热情。

3. 要提高自己的思想。

4. 要有奉献学校的精神。

那么，当学生领袖能有什么收获？

1. 增强服务意识。

2. 增强责任意识。

3. 增强团队意识。

4. 提升自身素质。

哈佛大学研究表明，做过学生领袖的人相比其他人更加积极主动，更会表现自己。积极主动表现自己，将相应的能力展示在自己身上，让自己更好地成长，无论是在学习中还是在生活中都处处体现出领导才能。在人生的旅程，自然会有更为宽广的道路。

事实上，领导能力是个现在时，而潜在的领袖能力是个将来时。美国名校在阅读你的申请材料时，往往根据你到目前为止展现出的领导能力来判断你未来是否具有领袖能力，从而决定是否在录取你的决定上加分。也就是说，大部分名校都很在意你未来能否成为社会某一方面的领袖型人物，因为这是大学最希望在未来能看到的结果，也是名校所追求的。一个大学办的是否成功、是否盛名不衰，取决于它培养出来的学生——也即将来的校友是否成功。所以，不要把自己禁锢在学习的牢笼里，学习要有兴趣，成绩要出色，性格要培养，同时也要想办法让领袖气质慢慢在眉宇间展现开来。

◎哈佛心理评估：试试你是领导者还是跟随者？

一个人是否有领导才能其实是天生性格和后天培养共同作用的，在生活中，你是一个有领导才能的人吗？只要做完以下测试题就知道了。

1. 别人拜托你帮忙，你很少拒绝吗？

2. 为了避免与人发生争执，即使你是对的，你也不愿发表意见吗？

3. 你遵守一般的法规吗？

4. 你经常向别人说抱歉吗？

5. 如果有人笑你身上的衣服，你会再穿它一遍吗？

6. 你永远走在时髦的前列吗？

7. 你曾经穿那种好看却不舒服的衣服吗？

8. 开车或坐车时，你曾经咒骂别的驾驶者吗？

9. 你对反应较慢的人没有耐心吗？

10. 你经常对人发誓吗？

11. 你经常让对方觉得不如你或比你差劲吗？

12. 你曾经大力批评电视上的言论吗？

13. 如果同学答应的没有做好，你会生气吗？

14. 惯于坦白自己的想法，而不考虑后果吗？

15. 你是个不轻易忍受别人的人吗？

16. 与人争论时，你总爱争赢吗？

17. 你总是让别人替你做重要的事吗？

18. 你喜欢将钱投资在财富上，而胜过于个人成长吗？

19. 你故意在穿着上吸引他人的注意吗？

20、你不喜欢标新立异吗？

说明：是就加1分，否定不加。

答案分析

分数为14～20：你是个标准的跟随者，不适合领导别人。你喜欢被动地听人指挥。在紧急的情况下，你多半不会主动出头带领大家，但你很愿意跟大家配合。

分数为7～13：你是个介于领导者和跟随者之间的人。你可以随时带头，或指挥别人该怎么做。不过，因为你的个性不够积极，冲劲不足，所以常常是扮演跟随者的角色。

分数为6以下：你是个天生的领导者。你的个性很强，不愿接受别人的指挥。你喜欢使唤别人，如果别人不愿听从的话，你就会变得很恼火，不肯轻易服从别人。

哈佛没有书呆子——成为魅力四射的"万人迷"

美丽使你引起别人的注意，睿智使你得到别人的赏识，而魅力，却使你难以被人忘怀。

——世界著名演员　索菲娅·罗兰

高中生已经具备了很接近成年人的审美和社交圈子，我们中会有一些同学成为老师和大家的"明星"，他们有的擅长运动，有的是"万年学霸"，总之他们身上总是散发着某种看不见的光环——这可以说是成功的潜在能力。

而成功人士释放出来的一种主要力量，除了天赋，便是魅力。然而，没有公众的承认和接受，就没有魅力一说。公众通过审视那些成功人士，才发现了魅力是什么。

和领导气质不同的是，人格的魅力，并不是天生的，而是需要后天的努力创造。那些能使"蓬荜生辉"的人物不是由于生来就有发光的本事，而是在他们理解并满足了公众的期望以后才得以发光闪亮的。而创造魅力必须要有公众基础，但这不等于说那些平凡的、渴望成功的人就不能有魅力。如果一个人在公众或周围的人面前展现出了魅力，那么一定是他掌握了施展魅力的艺术。

在众人一起旋转的舞池中，最有魅力的那个，肯定具有迷人的个性。那么，什么是迷人的个性？毫无疑问当然是能够吸引人的个性。对任何人而言，有吸引力的个性都是一笔极有价值的财富。发展自己吸引别人的个人魅力，扩大自己的社交圈，就会增加成功的几率。

人格魅力的性格特征表现在如下方面：

第一，在对待现实的态度或处理社会关系上，表现为对他人和对集体的真诚热情、友善、富于同情心，乐于助人和交往，关心和积极参加集体活动；对待自己严格要求，有进取精神，自励而不自大，自谦而不自卑；对待学习、工作和事业，表现得勤奋认真。

第二，在理智上，表现为感知敏锐，具有丰富的想象能力，在思维上有较强的逻辑性，尤其是富有创新意识和创造能力。

第三，在情绪上，表现为善于控制和支配自己的情绪，保持乐观开朗，振奋豁达的心境，情绪稳定而平衡，与人相处时能给人带来欢乐的笑声，令人精神舒畅。

第四，在意志上，表现出目标明确，行为自觉，善于自制，勇敢果断，坚韧不拔，积极主动等一系列积极品质。

一个人的魅力在于人格的魅力，人格分为虚假的人格、本性的人格和艺术的人格，有魅力的人格即是真实的人格。有的人非常圆滑，你说他卑鄙他又不卑鄙，你说他虚伪他又不虚伪，他就是圆滑，他的人格属于艺术人格。具有艺术人格的人肯定没有具有本性人格的人有魅力，而拥有虚假的人格的人迟早都会被人抛弃。

赫·艾哈迈德·扎基·亚马尼就是一个具有迷人个性的人，他是哈佛学子中的翘楚之一。亚马尼担任沙特石油大臣的25年，正是国际石油市场激烈变动的时代，经历了欧佩克的兴盛与衰落。这位彬彬有礼、才华横溢的阿拉伯人，在国际石油活动中频频露面。西方石油公司时刻关注着他，他的一举一动都可能影响国际石油市场。他几乎成为欧佩克和石油权力的化身，被称为"东方的基辛格"。

长期以来，人们都愿意亲近那些具有责任感、能力强、果断、友好、智慧和有素质的人；同时也疏远那些傲慢、粗鲁和无视权威的人。而让他人亲近的因素，无疑会使人散发出无穷的吸引力，披上魅力的外衣。

那么，如何练就迷人的个性，使自己散发出无限的魅力呢？

一、培养多种兴趣与爱好。

哈佛通过对成功人士的深入研究，发现许多成功人士的兴趣爱好都非常广泛。而古今中外的名人中，也是涉猎广泛，甚至在诸多方面都有一番成就。例如我国伟大领袖毛泽东，书法自成一体，不拘一格；诗词大气浩然、奔放豪迈。他不仅仅是一位政治家、军事家、革命家，同时在诗词、书法上也称得上是一代宗师。

成功人物之所以拥有迷人个性，不仅仅是某一方面有闪亮光环。

二、真诚微笑。

一个人如果经常真诚微笑，证明凡事都乐观豁达，这样的人怎么会不迷人呢？不仅如此，真诚的微笑不但可以吸引人，也能给人带来极大的成功。

三、学会幽默。

幽默有助于身心健康，同时也是吸引力的法宝，人们都愿意接近幽默风趣的人。不仅如此，幽默是成功的法宝。幽默使人保持积极进取的心态。在追求成功的道路上，娴熟地运用幽默，可以增强自己的竞争力。

四、敢于承担。

卡耐基曾这样告诫世人："用争斗的方法，你绝对不会得到好的结果，而用让步的方法，收获会比预期的高。"一个有担当的人，是个有魅力的人。敢于承担的人，才能成为有所作为的人。在学习和生活中，遇到问题要主动查找原因、承担过失，而不是推诿扯皮，怨天尤人。只有这样，才能散发出个性的魅力。

一个健康的人格不是本身就具有的，需要一点一点地积累起来。平时应注意培养自己正确的思想观念、良好的心态、乐观的生活态度，来塑造自己的人格魅力。在当今社会中，为人处世的基本点就是要具备人格魅力。何为人格魅力？首先要弄清什么是人格。人格是指人的性格、气质、能力等特征的总和，也指个人的道德品质和人的能作为权力、义务的主体的资格。而人格魅力则指一个人在性格、气质、能力、道德品质等方面具有的能吸引人的力量。在今天的社会里一个人能受到别人的欢迎、容纳，他实际上就具备了一定的人格。

◎哈佛心理评估：你具有什么吸引力？

七种吸引力，你具备哪种？

1. 你喜欢独自旅行。	是→2	否→3
2. 你每星期都会去逛街。	是→4	否→5
3. 你喜欢看浪漫爱情喜剧。	是→6	否→7
4. 你习惯早晨跑步。	是→8	否→9
5. 你认为女生不需要学习太好。	是→10	否→11
6. 你拥有很多知心朋友。	是→12	否→13
7. 你喜欢聊电话。	是→14	否→15
8. 你喜欢时尚衣服。	是→16	否→17
9. 你认为经济是一切的保障。	是→18	否→19
10. 你睡眠的时间在晚上12点以后。	是→20	否→21
11. 没事你也喜欢打游戏。	是→8	否→10
12. 你在家养了很多植物。	是→9	否→10
13. 你喜欢听悲伤的情歌。	是→10	否→8
14. 你认为美是发自内心而并非表面。	是→9	否→8
15. 你喜欢魔术多于杂技。	是→10	否→9
16. 你并不赞成男女生关系过于密切。	是→A.长颈鹿	否→17
17. 你喜欢和不同类型的异性同学交往。	是→B.豹	否→18
18. 你常在半夜想些伤心的事情。	否→19	是→C.鹿
19. 你认为自己双重人格严重。	是→D.斑马	否→20

20. 你敢于主动向喜欢的人表白。　　是 →E. 企鹅　　　　　否 →21
21. 你会定期去做运动。　　　　　　是 →F. 狐狸　　　　　否 →G. 羚羊

答案分析

长颈鹿：你沉默、优雅，有一种发自内在的亲和气质，令人感觉舒服，在岁月的沉淀中更散发出不可抵挡的魅力。你懂得什么叫品味，什么是生活。在你身边的每一个人，都会感受到你的优美与友善，无关外貌，亦无关年龄，只是沁人心脾的魅力。

豹：你走在时尚的前线，总是以不变应万变获得人生每一刻的精彩，同时带给别人生命的热情。你魅力四射，你的光芒更是无法被别人遮盖，你懂得如何让生命永远精彩美丽。只是有时要控制一下自己的脾气，那么你的野性和不羁就更叫人醉倒！

鹿：你崇尚简约，毫无野心，永远悄然而立，这不是漠然，而是涵养。你才华横溢却看淡一切，永远用清晰的眼光看世间的纷扰，却不刻意逃避，永远用冷静和理智去看情场上的春去春来。你自然淡雅的笑容最是迷人。

斑马：你在静态时固然表现出悠闲的优雅，即使忙碌，也能在日日如是的生活中散发魅力。你不会放纵自己，也不会因不值得的事情虐待自己。无论何时，你都流露出动静皆宜的吸引力。

企鹅：你善良、开朗并有一种阳光的气质。可爱又无所谓的性格是你最吸引人的地方。你的可爱并非幼稚那种，而是一种纯净的美。即使发现人性的险恶，你亦始终保持自我。你纯洁善良的笑容，可让不少人融化。

狐狸：你有令人倾慕的外貌，并且知识丰富，有理性。在你的生命中，最不可能缺少的就是爱情，你的举手投足，引来无数异性心旌荡漾。你既敏感又含蓄，不会有火辣辣的激情，但你懂得无数浪漫的花样，令异性喜出望外。

羚羊：表面上，你看似冷漠得有些孤傲，其实你却有不一样的热情；在你的心底更有对世间一切最纯真的想法。你有情却不多情，你可以改变却不善变。肤浅的异性不会接近你，走进你世界的必定是有内涵的人。

别让"羞涩"埋没了你

如果你与周围的人关系处得不够好，你应该想到的是，这种不良的人际环境，很大程度上是你自己制造的。

——哈佛大学心理学教授　斯利·米尔格兰姆

在我们的课堂上，经常会出现这种情况，当老师说："下面这个问题找个同学来回答。"所有人都会低下头，避免跟老师目光接触，这种羞涩有时候源于不自信，也可能是由于青春期的自我意识改变。但哈佛大学的课堂里，气氛非常活跃，同学们甚至不举手就直接发言，而老师也很享受这种交流，这就是哈佛的另一个教育理念：让学生自由思考，自由展示自己的意见和才华。

想要成为具有魅力的人，必不可少的是具有一个丰富多彩的人际关系世界，这是每一个正常人的需求。可是，很多人的这个需求都没有得到满足，如果我们能从高中开始就积极培养自己的社交能力，对我们以后的生活也会有很大帮助。其实，很多人之所以缺少精彩的人际关系，是因为他们在人际交往中是被动的，总是期待友谊从天而降，很少主动与别人进行交流和沟通。但是，天上不会掉馅饼，同样也不会掉友谊。因此，如果想要获得朋友，与别人建立良好的人际关系，就必须主动和他人交往，赢得别人的好感。

有研究表明，很多人不愿意主动和别人交往，其实是有一种心理在作怪。哈佛大学的心理学家通过大量调查和研究，发现作怪的是——羞涩。

羞涩，是一种相当一部分人都会有的性格特征，它的存在和影响，使人不能正确地认识自己，不能发挥自己的真正潜力。同时，也影响与其他人的和谐相处，由于羞涩，会产生"不敢"的情绪，羞涩便成了羞怯，会使很多人在生活中错过许多良机。

一份美国的研究资料表明，约有40%的美国人认为自己有羞涩的心理。甚至还包括许多知名人士，比如：电影明星凯瑟林·戴尼维、英国的查尔斯王子，甚至还有美国第39任总统卡特和他的夫人等，这些每天面对镜头和众人的名人，都明确表示出自己有过羞怯的心理。

在集体教育的校园中，由于相对缺乏社会实践活动，青少年中有很多人被羞怯的心理困扰着，甚至同班同学都很少交流。异性之间的沟通就更少，甚至有大学生表示，高中三年，几乎没有跟异性说过一句话。心理学家指出：羞涩的心理其实可以通过一些心理暗示来克服。而最重要的一点，是要勇于改变。

害羞作为一种性格特征与人的气质关系较密切，他是在人的先天因素和后天环境的共同作用下逐渐形成的。首先，害羞心理与一个人的自我意识发展有关，常常发生在现实自我与理想自我产生距离和矛盾时。例如，希望是逐渐无所畏惧的，而事实上连与异性讲话都会脸红；总希望逐渐口齿清楚，而实际上却羞于公开发表自己的观点。这种过分强调自我，老是担心别人是否接纳自己的心理，极易导致对自己的社交能力、表达能力和自我形象缺乏信心，从而产生一种对自己强烈不满的情绪，鄙视自我，产生害怕以致害羞。其次，因自己遭受挫折时不正确的归因而产生害羞心理。

哈佛大学从来不会教导学生要过一帆风顺的人生，因为每个人在学习生活中总会碰到挫折和失败，片面地归因于命运、机遇、环境、他人等客观因素，而不去充分发挥自身的主观能动性，不深入剖析自我，在遭受挫折后往往产生一种自欺心理，封闭自我，掩盖缺陷，甚至寄希望一些不合实际的假象。这样，就易产生自卑、恐惧心理，在盲目自惭形秽的同时，有怨天尤人，抱怨他人不理解，逐渐产生"在这里我根本不适应"的念头，形成一种严重的自我防御心理，陷入到空虚、迷茫、失落和孤独的不良心理状态中。那么，应如何克服害羞心理呢？

一、周围的人都是友好的，微笑可以换来同样的微笑。

哈佛大学心理学课程表示，一个人的微笑可以拉近两个陌生人的距离。每天清晨，如果有陌生人对你微笑，你当日的幸福感可能会比平常高出一倍。因此，我们应该学会相信身边的人是友好的，学会主动问候别人，学会对陌生人报以微笑。在逐渐克服畏惧心理之后，你就会发现，自己原来可以主动与人交流，人与人的沟通没有什么困难。

爱害羞的你是不是性格比较内向，意志不坚强，还是比较沉默寡言，不能承受挫折？你应该在日常生活中多给自己锻炼的机会，积极参加各种各样的活动或让爸爸妈妈带你外出游玩，逐渐改变自己腼腆内向的性格。

二、忧虑和困难都是暂时的，一切都会变好。

在学习和生活中必须学会克制自己的忧虑情绪，凡事多往积极的一面想。不要因为自己的情绪，影响和朋友的正常相处。哈佛大学建议我们，每到一个陌生的场合，当感到有可能要紧张和羞怯的时候，就跟自己说："镇静下来，什么都不去想，把面前的陌生人当作自己的熟人一样。"哈佛大学心理学研究表明，一个非常害羞的人，当他在陌生场合勇敢地讲出第一句话以后，随之而来的将不再是新的羞怯而很可能会滔滔不绝起来。用自我暗示的意念控制方法来突破这开头的阻力，是一种有效的措施。

三、眼睛是心灵之窗，看着对方的眼睛进行心灵沟通。

与人交谈时，尽量看着对方的眼睛，微笑或者点头赞许，做一个专心致志的听众。适当的时候表达自己的想法，进行深度沟通。

胆小害羞的同学往往因为胆怯而不敢与其他同学交往，结果仅限于很小的朋友圈子，变得越来越孤僻、退缩。胆小、退缩的同学很少与其他同学交往，并不是自恃清高，反而会认为自己是不可爱的，不受欢迎的，别人不愿与之交往的。如果形成这种消极的自我概念，产生了对自我的一种稳定的认识，那么在行动上就会有意无意地表现得让其他同学很难接近、交往。

其实，当你认为自己是可爱的，被其他同学接受的时候，你就会表现得自信，而自信的人往往是可爱的，人们愿意与之交往。交往的人越多，就越会增加你的自信，从而在别人面前就不那么胆怯畏缩了。

四、抬头挺胸，我可以很优秀。

通过心理暗示增加自信，要做到这一点，最简单的方法就是不要过分谦虚。当仁不让，该表现自己的时候，就不要过分客气。

如果仔细分析，大家就会发现自己身上有许多优点，在某些方面并不比别人差。自信是一种人格，是个性的力量，有了自信，才能成为生活的强者，才会无往而不胜。世上没有十全十美的个体，人们总是有这样那样的缺点，关键是如何去看待它们。如果缺点是可以克服的，那么应一如既往地去努力。因此，乐于接纳自己，包括自己的缺点。这就要求大家在生活、学习、交流过程中，既不过分苛求别人，也不过分苛求自己，一切从实际出发，用真诚和信任去赢得大家的尊重和友谊。即便害羞心理已经形成，也应坚信他是可以调控、克服的，美国学者告诫大家：一心向着自己目标前进的人，整个世界都会给他让道。

哈佛大学总是鼓励学生在各种社交活动中展示自己，这样的展示对于今后走入社会之后也有重要的价值。高中生已经具备成年人的社交能力，因此可以从现在开始尝试摆脱自己内心的羞涩，大大方方地和同学交朋友，这绝不是在浪费时间，而是在为以后全面成功的人生做准备。在人际交往中，过分羞涩的人会过分约束自己的言行，久而久之，朋友便会疏远。放下心理负担，解开心理束缚，努力克服羞怯心理，潇洒自在地生活，勇敢地迈向未来。

◎哈佛心理评估：你是否容易有羞怯情绪？

根据下面的题目进行选择，试试你是否容易有羞怯情绪。

1.你知道朋友的家就在这条街的某一段上，可是门牌号记不清了，这时你

A．按响一家门铃打听清楚，说不定就碰对了

B．找电话亭给朋友打电话询问一下

C．在街口慢慢一家家地找

2. 如果你的老师要求你对他直呼其名而不是称"老师"，你会感到

A．很高兴

B．无关紧要

C．有点不习惯

3. 进入一个全是陌生人的房间时，你

A．犹豫半天才跨进去

B．一直等到有其他人才随着一起进去

C．毫不犹豫地走进去

4. 在班会上，你有个不同想法想谈，你会

A．站起来侃侃而谈

B．会后向有关人员私下提出

C．希望会场中有人代你提出

5. 你和家人去餐馆吃饭，无意发现邻座坐着那位大名鼎鼎的钢琴家，你

A．极想上去请他签名，但只是局促地坐着不动

B．在家人的撺掇、鼓舞下，鼓足勇气上前提出你的请求

C．自自然然走到他桌前搭讪

6. 一次小型聚会上，你看到一位吸引你的异性朋友，你

A．希望他（她）能够注意自己

B．请朋友引见

C．走上前去来一番自我介绍

7. 国庆节学校搞联欢会，老师委托你做节目主持人，这时你

A．欣然接受

B．答应试试，心中有点打鼓

C．觉得不可想象，坚决推掉

8．家里来了一位你从未谋面的客人，你

　　A．轻松地进行攀谈

　　B．开始有点紧张，后来就好了

　　C．一直担心自己举止失当

9．从店里买回一件新的服装，何时你开始穿

　　A．买回来先放着，知道家人催促才穿，或有限的小范围试穿

　　B．一直看到周围有人穿上同款的，才穿出去

　　C．回家就换上

10．一年一度的学校大合唱节到了，你是合唱队成员之一，指挥给队员排
　　　位置，你希望被安排在

　　A．第一排中间观众视线的焦点上

　　B．旁边都有队员遮挡的后排位置

　　C．随便哪儿，只要不是中间就行

11．老师派你去公车站接一名新同学，告诉了你那人的姓名及外貌特征，
　　　你在下车的人流中看到这样一个人，这时你会

　　A．大步上前加以证实

　　B．把写着"接××"的牌子在他的视线内晃动希望引起他的注意

　　C．站在一边，直到其他旅客走光，确定他也在等人才去招呼

12．在舞会上，有位你并不相识的异性一直凝视你，你会

　　A．以同样的方式回应他（她）

　　B．扫对方一眼，又装作未察觉掩饰过去

　　C．微微低头或将脸扭开

根据计分表，为自己打分，统计你的总分。

题号为1、2、3、4、7、8、10、11、12的题目计分方法：A记1分；B记3
分，C记5分。

题号为5、6、9的题目计分方法：A记5分；B记3分，C记1分。

147

答案分析

12~22分：你是个十分自信的人，很少拘谨，这使你能捕捉到更多施展才华的机会。你必须注意分寸感，以维护自己的尊严。

23~46分：你是个羞怯度中等的人，这会给你的行事造成一些障碍，但多数情形下事情会发生转机。如果处理得当，它反而会成为你惹人喜爱的因素之一。

47~60分：你的羞怯心较重，对自己缺乏信心，不喜欢公开亮相，无意与他人竞争，遇事犹豫不决，很不善于交际；另一方面，你勤于思考，机敏睿智，为人谨慎，凡事多为人着想，不飞短流长，这是你的长处。不必对自己过分苛刻，也不必把周围的人看得太高。事实上每个人都有其所长，有其所短，你也拥有别人所缺乏的东西。关键是善于鼓励自己，善于扬长避短，你也许不适于领导他人但却是很好的合作伙伴。

在高中校园里锻炼哈佛的精英气质

> 一个领导者的天职，是要把群众从现在的地方带到一个他们从未去过的地方。群众对自己要去的地方并不十分了解，领导者就必须呼风唤雨，显示出远见卓识。
>
> ——哈佛毕业生、美国著名外交家　亨利·基辛格

哈佛商学院院长麦克阿瑟说："安东尼·罗宾的著作是哈佛学生课外的一门必修课。"

安东尼·罗宾说："成功者的特质，仿佛是内心中燃烧的火焰，驱使他们去追求成功。"

成功者的脸上写的往往不是"成功"两个字，而是从骨子里散发出来的那种精英气质。这种气质并非一朝一夕练就，而是通过长时间的打磨刻在内心的坚定和自信。大多数成功者总会向着目标和梦想不懈努力，并且美梦成真，他们身上散发着精英气质。罗宾特别强调成功者具有以下六种精英特质：

特质一：正确的价值观。

想要成功，首先要明确自己的价值观，这一点非常关键。正确的价值观能

149

使我们分辨出是非曲直，明白人生的真谛。如果没有明确的价值观，常会做出事后懊悔的事情。而成功的人大都明白基本原则是什么。他们有着共同的道德根基，知道为人本分，明白君子有所为有所不为。

特质二：坚定的信念。

信念往往支配着我们的未来，是成长路上的支柱性存在。相信美好，未来就会是美好；自找苦吃，日子便会如同苦药一般。精英们对未来总是抱有无限美好的设想，他们明确自己所追求的目标，并且坚定不移地相信通过努力必然能够获得自己想要的生活。

特质三：饱满的热情。

热情，使精英做到了平常人做不到的事；热情，让众多科学家忍受研究的枯燥，以寻求突破；热情，让优秀的运动员不知疲倦，只求超越；热情，让艺术家们精益求精，不断创新；热情，让莘莘学子精力充沛，疯狂汲取知识的养分。人生有力量、有勇气、有意义，来源于对梦想源源不断的热情。如果没有热情，则一事无成。

特质四：精妙的策略。

策略是精英和平庸之人的一大区别，所谓策略就是组合各种才能的计划。有人做事事半功倍，有人做事却事倍功半，这就是区别。

特质五：强大的凝聚力。

几乎所有的成功者都有一种凝聚众人力量的超凡能力。这种强大的凝聚力，可以把不同背景的一群人团结在一起，为了同一个目标共同努力。那些成就大业的人，他们都具有集千百万人能力于一身的能力。青少年朋友们应该学习让自己如何具备这样的凝聚力，与周围的人建立一种密不可分的团队关系，共同创造美好的未来。

特质六：迅速地捕捉和传递信息。

21世纪是信息时代，一定程度上，掌握信息就是掌握命运。但是这里的信息传递与捕捉，是指精英们对于他人传递信息的捕捉能力，以及将自己的想法传递给别人的能力。俗话说：世界上最难的事情有两件，一件是把别人的钱装进自己的口袋，另一件是将自己的想法装进别人的脑袋。真正的成功者，都是善于与他人沟通的大师，他们有着传递见解、请求、欣喜、消息的能力。如果能具备这些能力，便能成为精英。

虽然说大学是培养精英的地方，但是我们必须在大学之前就培养起精英的意识。那么，在高中校园里，学生们应该如何培养自己的精英气质？如何从学习和生活中审视自己的禀赋并且锻炼自己的精英气质？

一、做奋斗的战士。

生命就是一个不断奋斗，不断前行的过程。在我们的成长过程中，奋斗就是一种向上的动力，能推动我们不断前行，帮助我们克服前进道路上的困难和挫折，引领我们追求更高的理想，努力进步和成长。在哈佛，奋斗是每个人每天都在争先恐后进行着的事。像进入哈佛学习一样，将人生目标牢记脑海，为此勇往直前，积极奋斗，永不停歇。

二、要有目标，明白自己是为了什么在奋斗。

人生中比奋斗更重要的，是奋斗的方向，奥巴马曾说："很多时候我可能面对不同的选择，但我知道哪个选择更适合我。"是的，一个人要想获得成功，首先要有奋斗的目标与方向，这是人生的起点。

想过上美好的生活，就要睿智地判断自己为之奋斗的方向。在每一个需要做出抉择的关口做出正确的决定。像奥巴马一样，每一步都走得踏实、完美，每一步都是他奋斗的方向，所以，他才会成功。

三、像精英一样思考，超越自己。

哈佛的学子们普遍认为：做事只有做到最好，个人价值才能得到最大体现，生活才更有意义，生命也才更加精彩。而对做最好的自己的解读是不满足于眼下的状态。力求通过奋斗、努力取得更卓越的成功，改写自己的人生。

持续奋斗，突破自我，才能不断超越自我。在工作和生活中我们难免会遭遇瓶颈，而有时候我们自己往往就是问题的根源，因此，当我们遇到瓶颈的时候，要有一颗不满足于现状的心，并勇于挑战自我和超越自我，这样我们就会找到突破瓶颈的方法，从而提高自己。作为一个新一代的阳光自信的高中生，脚踏实地，迎难而上，力求创新，不断挑战自我，勇于超越自我，学习哈佛人那坚强不屈的奋斗精神，学习他那敢于创新的刻苦精神，才能让我们在竞争日益激烈的社会环境中立于不败之地，让我们在成长的天空中尽情翱翔，才能让我们满怀梦想，努力将自己塑造为栋梁之才！

◎哈佛心理评估：你是否属于精英人群?

测测你是哪种类型的人：

下面几种花中，你最喜欢哪一种？

A：薰衣草　　　B：向日葵　　　C：玫瑰花　　　D：其他

答案分析

A：薰衣草

你心思细腻，喜欢观察和发现新事物。在团体中，你是智者，有很多想法，而且总能提出很好的意见，让人不得不称赞你独特的见解，再加上你很有创造力，执行力也很强，别人无法忽视你的能力。

B：向日葵

你的个性十分乐观开朗，并且非常自信，是一个团体中的领导者。你总能维持整个团体的秩序，也勇于发表意见，团体中有你这样的领导，大家都能很好发挥。

C：玫瑰花

你不喜欢争执，个性随和，是团体中的协调者。你非常喜欢跟大家打交道，也懂得人与人之间的相处和沟通，所以，当团队分成两大派，并发生争执或是有不同论点的时候，你总是保持中立的立场以客观的角度去看待事情，并找出最合适的方案。

D：其他

你是一个很怕麻烦的人，你喜欢轻松的工作，但是如果认真起来，也有很强的执行力。你是一个实践者，但需要一个好的领导者和智囊者才能激发你的能力。

具有领袖气质的精英都是沟通大师

成功学家研究表明，一个正常人每天花60%~80%的时间在沟通，其中包括听、说、读、写等不同的沟通方式。一位智者曾经总结道："人生的成功就是人际沟通的成功。"每一位具有领袖气质的精英都是沟通大师，一名好的领袖型人才学会对自己的人脉网进行有效的沟通，让每一个人际关系成员都能感觉到他是特殊并且优秀的。

在学习中，如果你不能和同学、老师进行适宜的沟通，那么你们之间就容易产生隔阂，学习生活就不能顺畅开展。同理，在生活中，拥有良好的沟通能力可以使生活变得更加幸福、美满。

石油大王洛克菲勒说："假如人际沟通能力也是同糖或咖啡一样的商品的话，我愿意付出比太阳底下任何东西都珍贵的价格购买这种能力。"是的，拥有良好的沟通能力是一个人生存必须具备的能力，拥有良好的沟通能力可以帮助我们维系好人际关系，拓展我们的视野；良好的沟通能力可以让我们及时了解一些信息和动态，可以促进我们开启成功之门。

哈佛商学院的课堂上有这样一则虚构的小故事：

在美国一个农村，住着一个老头，他有三个儿子。大儿子、二儿子都在城里工作，小儿子和他在一起，父子相依为命。

突然有一天，一个人找到老头，对他说："尊敬的老人家，我想把你的小儿子带到城里去工作，可以吗？"

老头气愤地说："不行，绝对不行，你滚出去吧！"

这个人说："如果我在城里给你的儿子找个对象，可以吗？"

老头摇摇头："不行，你走吧！"

这个人又说："如果我给你儿子找的对象，也就是你未来的儿媳妇是洛克菲勒的女儿呢？"

这时，老头动心了。

过了几天，这个人找到了美国首富石油大王洛克菲勒，对他说："尊敬的洛克菲勒先生，我想给你的女儿找个对象，可以吗？"

洛克菲勒说："快滚出去吧！"

这个人又说："如果我给你女儿找的对象，也就是你未来的女婿，是世界银行的副总裁，可以吗？"

洛克菲勒同意了。

又过了几天，这个人找到了世界银行总裁，对他说："尊敬的总裁先生，你应该马上任命一个副总裁！"

总裁先生说："不可能，这里这么多副总裁，我为什么还要任命一个副总裁呢，而且必须马上？"

这个人说："如果你任命的这个副总裁是洛克菲勒的女婿，可以吗？"

总裁先生当然同意了。

这虽然是一则寓言一样的小故事，但我们同样可以看出沟通在人际交往中的重要作用。可以说，沟通是一个人取得成功的最重要因素，其重要性甚至超出了个人的能力。著名的作家萧伯纳曾经说过："假如你有一个苹果，我有一个苹果，彼此交换后，我们每人仍只有一个苹果。但是，如果你有一种思想，我有一种思想，那么彼此交换后，我们每个人都有两种思想。甚至，两种思想发生碰撞，还可以产生出两种思想之外的其他思想。"任何人的知识、技能、直接经验都是有限的。只有凭借沟通来获得别人的宝贵经验，才能扩展自己的视野，适应不断变化的外部世界。

不仅仅在哈佛这样的大学校园中，对于高中校园中的同学们，沟通的作用同样极其重大。首先，可以增进人与人之间、人与组织之间、组织与组织之间以及个人对本身的理解；其次，可以获得更多的帮助与支持，提高学习和管理的效率；再次，可以激励积极性和奉献精神，激发集体的团队精神；最后，可以提升个人的成功几率。

正确认识沟通的作用与目的，才能更好地把握沟通的技巧。那么，需要掌握的沟通要素有哪些呢？

一、清晰的沟通目标。

与人沟通的时候，一定要明白自己所要沟通的主题和宗旨。不要说了半天，自己要表达的意思还没有说清楚，而对方也被搞得一头雾水。这样的沟通是浪费时间、精力的，起不到原本设定的沟通效果。

与人沟通之前，先肯定自己，树立自信。不同的语言说法，可将相同的事实完全改观，而且也给人以不同的心理感受，用肯定或否定的措词，可将同一件事实，形容成天壤之别的效果。在任何情况下，要常用"有价值的、乐观的、爱心的、互惠互利的、发展的"措词或叙述。使用这样积极的沟通法，就可以将一个事实展现出积极的一面，而带给他人愉快、积极进取的生活。

二、语言和肢体语言的配合。

沟通不一定只靠语言，肢体的无声语言有时候可以有更好的沟通效果。比如，一个微笑就比"见到你很高兴"这句话要实用的多。语言与肢体动作的完美配合，可以使得沟通事半功倍。

三、沟通信息、思想和情感。

其实与人进行交流，除了信息的交换，更多的是思想与情感的碰撞。通过谈话进行思想和情感的交流，可以加深彼此的理解，进一步拉近彼此的距离。

沟通能力是一种实力的代表，每一个成功人士都有很强的沟通能力。沟通是讲究方式方法的，有效的沟通可以避免许多不必要的错误和麻烦。

每一个优秀的人都具备超强的沟通能力。作为优秀的精英人才，只有开放自己的耳朵和眼睛，努力去听、去看，才能敏锐地了解他人的互动。当与他人之间发生冲突时，要平心静气地沟通，不能把对方当成对手和敌人，要通过良好的沟通消除误解和隔阂，从而达到合纵连横的目的。

◎哈佛心理评估：测试下你的沟通领导力。

1. 你大声说话吗？

经常□　有时□　从不□

2. 当征求意见或评论时，你第一个发言吗？

总是□　偶尔□　从不□

3. 你曾经用讥讽的话去批评别人吗？

经常□　偶尔□　从不□

4. 在平时的谈话中，你会使用极不恭敬的话吗？

经常□　偶尔□　从不□

5. 当别人向你解释一件悠长的事情时，你会打断他吗？

经常□　有时□　从不□

6. 当你有困难待解决时，你曾听取有经验的同学的忠告吗？

很少——那是弱者的表现□

经常——他们常有不错的策略□

总是如此——他们的构想常比我的好□

7. 你会对人失去耐心吗？

　　经常☐　偶尔☐　从不☐

8. 你曾经在与同学争论后走出教室砰然关门吗？

　　经常☐　很少☐　从不☐

9. 你曾经愤然挂电话以终止争论吗？

　　经常☐　很少☐　从不☐

10. 你认为一个表现极差的演说者应该公开受辱吗？

　　是的——下次他才会更加注意☐

　　不——只有在他故意误导听众时才如此☐

回答"是的""总是""经常"加3分，回答"偶尔""有时"加2分，回答"很少"加1分，回答"从不"加0分。

答案分析

分数25～30分

你极具侵略性而且准备踩别人的肩膀出头，你这样无情只会妨碍你的前途——现今的人希望由一个能够受人信任与尊重的人来领导他们，而不是一个圆滑的"老油条"。

分数15～25分

有时在严重的压力下，你能够"超越巅峰"，或者表现出马上可能会后悔的行为。总体而言，你被认为是一个"坚毅的人"。

分数10～15分

你有点散漫，常常无法在必要时表现出自己的权威与自信。你可以接受一些领导技巧训练，对你现在一直逃避的那些状况，说不定有迎刃而解的功劳。

分数10分以下

你就像是门前的"擦鞋垫"，愿意让人们踏着你而过，除非你把自己整合起来，开始做出领导者的样子，否则你的生存希望也很渺茫。

第七章

人声鼎沸的哈佛课堂，没有正确的答案

谁都不是什么都懂，对权威说不

> 大学最根本的任务就是追求真理，而不是去追随任何派别、时代或局部的利益。
>
> ——哈佛大学第19任校长 昆西

在哈佛精英的培养过程中，如果一个人没有说"不"的勇气，仅仅是人云亦云，随波逐流，没有对既定的事物发起质疑的眼光，那么他不可能有出类拔萃的表现，也不会有高人一等的学术造诣。对于一个着力培养人才和精英的高等学府，仅仅要求学生有优异的成绩是远远不够的。真正的精英，必须有质疑权威的意识，有追求更高真理的目标，有对权威说"不"的勇气。

在哈佛，最高的原则是追求真理，无论是世俗的权贵还是神圣的权威，都不能阻止人们对真理的追求。没有人什么都懂，如果对所谓"权威"产生质疑，请坚持相信自己，在"追求真理"的旗帜下，坚持你认为正确的道路。在哈佛，观点不一致是极其常见的。哈佛本身就意味着思想的冲突，而冲突往往带来激情和火花。有时候，识别哈佛人的一个明智方法就是：看看他是不是一个少数派。有关学识的争议再多也不嫌多，正因为有争议，才会百花齐放，这正是哈佛的伟大之处。

在哈佛的人才教育中，老师对学生质疑精神和质疑能力的重视程度是空前的。他们通常以有效的授课方式将这种理念融入自己的教学，鼓励学生对现有的知识发起疑问，养成敢于质疑、善于质疑的学习习惯。

美国的某个小学上文学课，老师正在为学生们讲《灰姑娘》的故事。故事讲完后，老师对开始向全班提问。

老师问："一般来说，大家都不喜欢灰姑娘的后妈。那么，如果你是灰姑娘的后妈，你会不会阻止她去参加王子的舞会？你们一定要诚实哟！"

有个孩子举手回答说："是的，如果我是灰姑娘的后妈，我也会阻止她去参加王子的舞会。"

老师问："为什么？"

学生："因为我爱自己的女儿，我希望自己的女儿当上王后，不想让灰姑娘去和自己的女儿竞争。"

老师说："好的，我们看到的后妈好像都是不好的人，其实她只是对别人的孩子不够好，可是她对自己的孩子却很好，你们明白了吗？只是她不能够像爱自己的孩子一样去爱其他的孩子，如果她能做到，那她也会成为一个好人，大家也会喜欢她了。好了，同学们，最后一个问题，你们觉得这个故事有什么不合理的地方？"

学生们思考了好一会儿，终于有一个学生站起来回答，他说："仙女说：午夜12点以后所有的东西都要变回原样。可是，为什么灰姑娘的水晶鞋却没有变回去？"

老师："你太棒了！同学们，你们看，伟大的作家也有出错的时候。没有人是十全十美的，你们敢于在这么有名的故事中找错误，说明你们是很棒的。所以，如果你们努力学习，将来要当作家，一定比这个作家更棒！你们相信吗？"

敢于提出问题，有时候并非不礼貌，用适当的方式告诉老师，既可以帮助你更好地理解，也可以对老师的劳动展示自己的尊重。

盲目质疑者，对于某一事体，通常只要看到一个点上的可疑之处即对该事物予以完全否定。思维简单者通常受到这种片面思维的影响而受到迷惑。善于质疑者，不放过任何一个可以想得到的可能性，通盘考虑，既善于从枝节细小疑点寻求逼近真相的突破口，也善于剖开主干直接把真相呈现出来。

有一位科学家是质疑的鼻祖，也是科学史上的质疑第一人——哥白尼。

对遇到的事物有一个质疑的视角，通常是产生创造性思维的基础，即能否发现问题，是激励、激活创造性思维最有效、最持久的因素，是认识主体产生求新求异欲望和敢于进行创新活动不竭的动力。1496年，哥白尼在意大利波洛尼亚大学读书期间，与该校天文学教授多美尼哥·迪·诺瓦拉两人一起在自由气氛中进行天文观察，讨论托勒密《至大论》的错误以及改进托勒密体系的可能性。毋庸置疑，正是这种遇到事物有质疑的视角，哥白尼最早受到激励，立志改革天文学。在经过30年大量复杂的计算、整理，使其太阳系的思辨体系终于达到了数字上的精确程度后，他的手稿臻于完善。哥白尼从一开始就清楚地认识到，由于他发表关于太阳系结构的新观点，将会引起来自学术和教义两方面的反对。所以，他年复一年地不断修订他的手稿，而对是否发表这部手稿一直犹豫不决。然而，当他的真正见解走漏了风声以后，便引起了议论和好奇。又经过多年之后，已经衰老多病的哥白尼在朋友的劝说下，终于决定将这部手稿付诸发表。于1543年出版时，据说第一本书送到哥白尼手里几小时以后，他就逝世了，那是1543年5月24日。这一年成为近代科学产生的标志，哥白尼则是近代科学质疑的第一人。

年轻的朋友们，请记住这样一个忠告：世界上根本就不存在任何一个完美的事物。所以，当你对现有的权威或者真理产生疑问的时候，不要将这个疑问埋藏在心里，一定要敢于说出来。这种敢于质疑的精神会为你带来奇迹。

古希腊哲学家亚里士多德说："吾爱吾师，吾更爱真理。"我们爱老师，但我们不盲从老师。我们从书本或经验中学习，但绝对不止步于书本或经验。对真理的爱好，对知识的渴求，会使人去研究一切未知和有疑问的东西。出于强烈的求知心，他们会一直研究到事物的根源，直到所有的质疑都得到圆满解决为止。在高中校园，向老师提出质疑并不是不尊重老师，而是对真理的尊重，老师也会欣赏这样的学生。所以，行走在校园内的青少年朋友们，请善用你的怀疑精神，保持这个良好的习惯，你将发现，自己会收获更多。

那么，质疑背后的好处有几何？作为21世纪新时代的青少年，质疑的品质又会带来什么好处呢？

一、疑是思之始，学之端。

古往今来，新知识的获得，总是从质疑开始。人类文明史证明，质疑是追求新知识的起点。如果没有对自然事物的好奇和质疑心理，是不可能诞生人类科学的，所有新事物、新发明，也都是从质疑开始。如果疑而不问，那么思维的链条就会断裂，获得新知的途径也会被切断。因此，学生应该大胆质疑，释疑解惑。有疑则有问，有问而获知。由此可见，质疑是获得新知的起点。

二、学起于思，思源于疑。

爱因斯坦曾经说过："提出问题比解决问题更重要。"发现问题需要深入的思考，而深入思考需要有质疑之处。疑问的产生是与深入思考紧密相连的，能思则能疑，能疑则深思。思考越深，提出的问题就越有意义。细心的同学会发现，善不善于质疑，也能检查学生学习是否认真。

三、于不疑处有疑，方是进矣。

一个人如果能够对大家都认可或习惯了的事物提出质疑，就说明他是能独立思考、有主见、有胆量的人。质疑让人关心一件事，才会去考虑怎么做会更好，才会去思考问题的原因在哪里。这样的质疑，会大大提高学习和工作的效率，也能提高个人的知识水平。

四、质疑带来热情。

哈佛大学的奥里森·马登教授说："一个人不管做什么事情，热情都是必不可少的品质。"能提出质疑者，说明了一个人的思考能力不停止，也说明一个人对一件事的热心程度。质疑带来的热情，会让质疑者更快地接近正确的方向。

五、质疑带来创新。

在科技迅猛发展的今天，培养创造型人才尤其重要。学生可以通过大胆的质疑来培养自己的创新意识。青少年朋友们在学习过程中，可以通过质疑，摆脱书本和前人的束缚，发现前人认识上的不足之处。因循守旧、墨守成规，永远无法超越前人，不敢质疑就难以创新。针对不同的问题，提出自己独到的见解。有质疑精神的人决不允许自己人云亦云，随波逐流。

巴尔扎克曾经说过："打开一切科学的钥匙都是质疑，而生活中的智慧大概就是凡事问个为什么。"在人类历史的长河中，没有一成不变的真理。创造性的思维需要破除迷信，向谬误挑战，甚至向巨人挑战，这是时代不停向前发展的内在动力。有质疑才会发现问题，发现问题后抓住问题深入探索，不停反思。这是创新思想、发现新事物的导火索。有人断言向地球远方发射电磁波完全不可能，然而意大利的马可尼却质疑这一点，1901年他终于成功在不用导线的情况下把信号送过了大西洋。这一质疑与反思奠定了电子时代到来的基础。

质疑、反思、重建，才能最终突显质疑的价值。"质疑是开启任何一门科学的钥匙。"真正的学习是从质疑与反思开始的。正如陈寅恪先生所言："自由之精神，独立之思想。"我们应在充分学习先贤的基础上勇于质疑和反思、独立思考、踏实研究、善于重建。

◎哈佛心理评估：你是否与众不同？

1. 你觉得集体在一起想点子：

   A. 有刺激作用——你发现大脑的运转比笔头快

   B. 有帮助，特别是因为同别人在一起——在有人提出自己的看法并帮助完善你的观点时，你的思维特别活跃，能够涌出很多点子

   C. 非常痛苦——你很难迅速提出自己的主张

2. 在你准备按照说明自己动手做某样东西时，如果发现缺少了一件必要的材料，这会使你：

A. 或是尽可能地利用现有材料，或是迅速寻找替代品。一般能达到理想的结果

B. 感到沮丧，并且寻找一件替代物。用替代品来做往往会出问题

C. 出去购买这种材料然后继续做

3. 你购买了一件东西，需要在家里做简单的装配，但后来发现说明书是日文的（而你又不太内行），这时你最有可能：

A. 把所有部件摊开，琢磨什么东西应装在什么地方，需要怎样装。这种做法往往能解决问题

B. 求人帮助

C. 与零售商联系，索要一份你能看懂的中文说明书，否则要求退货

4. 你觉得艺术品：

A. 迷人。你发现自己很容易陷入对一幅抽象画的想象当中，而且能够对它做出各种各样的解释

B. 有趣。但你的注意力很快就会转移。你往往要买相关指南，帮你理解不同的作品

C. 乏味。你不能理解它们的意思，也难以评判它们的优劣

5. 一种普遍的看法认为，人人都有一部潜在的小说可写。写小说的可能性使你感到：

A. 兴奋。你喜爱文字，喜欢以一种色彩丰富的文字表达自己。你觉得构思一个故事情节和想象具体内容并不困难

B. 很困难。尽管你也想一举成名，但你更愿意从过去的经历中寻求灵感。而写一本书则要投入大量的时间和精力

C. 不感兴趣。你可能喜欢读书，但情愿把写书的事让给更有想象力的人去做

6. 下列测试题你宁愿选择哪种类型的问题：

A. 无确定答案、可作多种解释、而且容易回答的问题

B. 可根据提供的事实与信息回答的问题

C. 有多种选择答案的问题

7. 以下的活动你最喜欢：

    A. 写作   B. 读书   C. 看电视

8. 作为音乐爱好者，当你在演奏乐器时，你喜欢：

    A. 与意趣相投的一群爱好者即兴演奏

    B. 根据听觉，模仿你听过的乐曲，在可能的情况下加一些装饰音

    C. 严格按乐谱演奏

9. 如果忽然想到一个点子，但同时转念又想为何以前无人想到或做这件事，这时你最有可能：

    A. 对这个点子作一些研究，并进行更深入的思考，如果找不出比较明确的答案的话，则可能发起一场非常热烈的讨论

    B. 全神贯注地再细想一会儿，然后就想别的问题了，在短期内你不可能再重新考虑这个问题

    C. 认为它不值得多费脑筋思考，索性将它置于脑后

10. 你认为自己：

    A. 有创见——你讨厌墨守成规，喜欢尝试新的方法和程序

    B. 是追随者——你习惯按常规办事，但是如果相信别人的想法正确，你也愿意给予支持

    C. 淡漠——你是一个懈怠而随波逐流的人

评分方法

选A得2分，选B得1分，选C得0分。

测试分析

17～20分——说明你很有创见、思想新鲜；

13～16分——这个分数不低，多多练习还会提高；

9～12分——说明你要加强努力，提高创造力；

9分以下——说明创造力确实非你所长。

说"不"的技巧——勇于质疑不等于粗鲁无知

永不向权势低头，但要摘帽为礼。

——美国作家 吉姆·菲比格

哈佛大学教授安娜·斯洛博士在接受《中国青年报》采访时说：哈佛的学生在学习中经常互相提问、辩论、质疑，甚至批判对方的观点。这样的学习培养了学子们敏锐的思维和分析能力，以及持续学习和刻苦学习的习惯。同时，也培养了从不同视角看待问题的习惯和创新能力。

哈佛鼓励学生具有颠覆和批判的眼光。敢于质疑，善于质疑。虽然，敢于对权威说"不"是每个精英人士必备的勇气，哈佛大学也着重培养学生勇于质疑的精神，但是，勇于质疑不代表可以随意对别人无礼，对权威说"不"也需要技巧。

质疑就是不满足于现有的认识，能重新审视、重新批判，指出缺点及弊端。质疑是社会发展的生命。质疑思维方法，就是用怀疑、批判的眼光，对现有的理论、经验、观点进行重新审视、重新评判，试图从中找到缺点和弊端，然后加以改进创新。可以说，敢于质疑的头脑，是大财富。

167

要想解决任何一件事情，首先就要发现问题，然后分析问题，最后才能解决问题。但很多时候并不是解决不了问题，而是发现不了问题。如果连问题出在哪都发现不了，又谈何解决呢？因而质疑思维就是要提出"为什么"。

味精的研制者池田菊苗博士，在吃饭时喝了一口汤，觉得异常鲜美，就问夫人加了什么调料。夫人告诉他，汤里除了海带，并没有加其他的调料。池田菊苗还以为太太在开玩笑，什么都不加，这个汤为什么会这么鲜美？他的质疑，使他开始想：汤是不是因为海带才变鲜的？海带让汤变鲜的原因是什么？是因为海带中含有某种成分吗？于是他开始分析化验海带的成分，终于提炼出一种叫谷氨酸的物质，这就是味精的主要成分。后来，他申请专利开办味精工厂，由此获得巨大的利润。

质疑就是敢于提出为什么。敢于破除陈规，是创造性思维的关键一步，我们既要尊重名人和权威，又要敢于超过他们，在他们创造性劳动的基础上，再进行新的创造。只有这样，人类认识世界和改造世界的能力才能不断增强。

为了探求蜜蜂如何发声的秘密，一个名叫聂利的小女孩把蜜蜂粘在木板上，然后用放大镜仔细查找，就这样观察了一个月，终于在蜜蜂双翅的根部，发现两个比油菜籽还要小的小黑点，蜜蜂鸣叫时，小黑点就会上下鼓动。为了确定是不是这个小黑点在起作用，她就用大头针小心地捅破小黑点，这时，蜜蜂就不再发声了。她又找来一些蜜蜂，不损伤它们的双翅，只刺破小黑点，结果蜜蜂在飞来飞去的时候，居然没有一点儿声音。

一年以后，这个已经12岁的小女孩，撰写了她的科学论文——《蜜蜂不是靠翅膀振动发声》，这篇论文在第十八届全国青少年科技创新大赛上，荣获了优秀科技项目银奖，以及高士奇科普专项奖。

一、质疑不是叛逆。

叛逆是青少年朋友常常会有的情绪，是一种强烈的自我表现欲。在思维标新立异，在行为上异于常人，希望以此引起别人的注意。叛逆会让人为了否定而否定，为了说"不"而说"不"。尤其是愿意与家长、老师等"唱反调"，认为家长的话有错误，认为老师的话不可信，甚至对其他优秀的人也会无端否定。

比如：在教育的过程中，教育者希望通过先进人物的事迹来感染青少年，以此唤起他们对学习和奉献的热情。而有时候，这些先进的人物会无端被质疑，不仅达不到教育的效果，反而会让学生的逆反心理更强。所以，敢于质疑，并不代表目空一切地叛逆。

青少年朋友们，不要为了质疑而质疑，权威之所以是权威，是通过长时间的理论与实践验证之后的结果，总有一定的可信度。在质疑权威之前，请消除自己的逆反心理，以健康的心态和正确的态度来质疑。

二、尊重是基础。

200年来，哈佛的学生们从来没有停止过质疑权威、追求真理，他们为世界的物质生活和精神生活做出了无法估量的贡献。然而，虽然他们敢于对权威说"不"，却从来没有对真理和自己的教授有过不尊重。即使是在自己十分怀疑的时候，也是以十分恭敬的态度来质疑权威的。

无论是朋友之间的交往，还是师生之间的探讨，尊重是一切的前提。尊重是一个人基本素质的体现，如果做不到尊重他人，那么就会显得粗鲁无礼。追求真理的路上，不应该有无礼的人。

在质疑他人的时候，请给予足够的尊重。如果在课堂上对老师所讲内容有不同看法，那么请举手示意老师，得到老师的许可之后提出自己的质疑；在与师长进行探讨的时候，充分发扬尊师重道的精神，有修养地去"找茬"。

三、深思熟虑。

如果只会说"不"，却不知道为什么"不"，那么，这样的质疑是无效的，也是无知的。怀疑别人是错的，前提是自己知道什么是对的，或者已经掌握了别人错的证据。

在今天这个关系紧密的社会当中，无知会给自己和身边的人造成不好的影响。培养质疑的精神，目的是为了更好地追求真理与知识。那么，在质疑原有真理和权威的时候，首先我们自己要注重知识的培养，在提出疑问的时候，不要让自己的质疑被别人称为无知。

质疑一件事情，不要只看到一个点上的可疑之处就完全否定这件事的全部。要穷尽各种可能，通盘考虑，深思熟虑之后才能下结论。

敢于质疑，我们才可能进步。学习是质疑的过程，没有什么是可以一步登天的。遇到困难和复杂的事，如果我们只会闭上眼睛干等，那什么问题也解决不了。所以，我们需要学会去质疑、去思考，不管它有多困难，多令人无奈，我们只能持之以恒、努力不懈地想办法去解决，而不是闭上眼睛等天上掉馅饼。闭上眼睛，只是让时间更快地溜走；睁开眼睛后，只会是一事无成，所以在我们面对疑难时，应当去积极思考、探索，去质疑解难，只有这样，我们才有可能获得进步。

敢于质疑，我们才有可能获得成功。古代学者张载曾说过："在可疑而不疑者，不曾学，学则须疑。"学习是一个解决疑问的过程，如果说学习没有"可疑"之处的话，那我们的学习就不可能进步，只会故步自封。华罗庚，一个没有读过大学的教授，就因为敢于大胆质疑、积极释疑，敢于向大师和世界顶尖级疑难挑战，从而使他成为世界知名数学家。所以，做学问一定要善于发现问题，敢于探索问题的真相，去探究解决问题的途径，只有这样才能获得成功。

虽然权威并不总是对的，但是我们在保有质疑精神的同时，也要充分尊重权威。既能尊重权威又能质疑权威，在保有自己的思想、不盲从的同时，也要通过正确合适的方法来捍卫自己追求真理的尊严。这样，才能成长为一个有修养的成功人士。

◎哈佛心理评估：测试你是不是一个有修养的人。

1. 你对待店里的售货员或饭店的女服务员是不是跟你对待朋友那样很有礼貌呢？

2. 你是不是很容易生气？

3. 如果有人赞美你，你是不是会向他说"谢谢"呢？

4. 有人尴尬不堪时，你是不是觉得很有趣？

5. 你是不是很容易露出笑容，甚至是在陌生人的面前？

6. 你是不是会关心别人的幸福和舒适？

7. 在你的谈话和信件中，你是不是时常提到自己？

8. 你是不是认为礼貌对一个男子汉无足轻重？

9. 跟别人谈话时，你是不是一直很注意对方？

答案分析

1. 是。一个富有修养的人，不论是对什么样身份的人，始终都彬彬有礼。

2. 不是。动不动就生气的人修养不会很好。

3. 是。善于接受他人赞美是一种做人的艺术。

4. 不是。幸灾乐祸显出你的修养较差。

5. 是。微笑始终是对你自己或其他人通往快乐的最好的入场券。

6. 是。关心体贴别人是一个人成熟和有魅力的第一个条件。

7. 不是。那些经常大谈他自己的人很少会受到别人的欢迎。

8. 不是。良好的风度和礼貌，是一个人所必需而且应该有的自然反应。

9. 是。尊重别人的意见才能使别人尊重你。

提问的能力——哈佛教授欢迎质疑

> 思维是从疑问和惊奇开始的。
>
> ——亚里士多德

在哈佛大学，教授们十分欢迎学生提出自己的观点，即便是自己教给学生的观点，他也欢迎学生随时来质疑自己。只要学生能够用自己的方式证明自己的观点，即使学生提出的这个结论是错的，那么对于学生今后的发展都是很有好处的。在这个质疑的过程中，学生所获得的不仅仅是向权威说"不"的勇气，更多的是一种独立思辨、发现问题、提出问题的能力。

爱因斯坦说过：提出问题往往比解决问题更重要。积极思考，提出问题，才能分析问题，最后方可解决问题。疑而后问、问而后知，打破砂锅问到底是一种能力，也是一种质疑思维。提问使人进步，问题和答案一样重要，因此，我们要培养质疑思维，首先就要善于提问。

敢于质疑，我们才可能发现真理。如果牛顿没有敢于质疑的精神的话，那么万有引力定律也许会推迟几百年才发现。牛顿坐在苹果树下，一个苹果忽然落下来；这个看似很普通的场景，但牛顿却发出质疑，从而发现了万有引力定律。假设是我们坐在苹果树下，苹果掉下，我们会怎样呢？我们也许会拿去吃了，或许会感叹说，这是多么好的运气呀！当然或许真的会去想原因，但又有几个能持之以恒去探索呢？面对复杂而又需要去"疑"的东西，我们感到的只是头昏脑涨，然后再摇头说放弃，这就是我们与牛顿最大的区别。所以，如果我们想像牛顿们那样去揭示和发现真理，就必须学会质疑、解疑。

拉瓦锡对旧理论、旧观念和前人的实验结论敢问一个为什么？这正是创新意识的动力和实质。他从不机械地重复别人的实验，而是批判地继承，使之成为新思想、新理论的论据。如在氧气制取实验上，拉瓦锡不仅重复了普里斯特列加热氧化汞产生氧气的操作，还使产生的汞和氧气重新结合生成氧化汞，结果，原来消耗的氧气量与重新生成的氧气的量完全相等。在验证氧气性质时，他不仅做了蜡烛在氧气中燃烧的实验，还做了磷、硫、木炭、铁、锡、铅及有机物在氧气中的燃烧实验；做了氧化铅、硝酸钾的分解实验以及动物的呼吸实验等。在此基础上他才提出了氧化学说。

在科学上，拉瓦锡勇于批判旧规范、探索未知领域的精神始终如一。如：他改进了波义耳关于金属煅烧的实验，指出波义耳错误的关键。在水的组成实验上，他不仅让氧气和氢气化合生成水，又使水蒸气通过炽热的铁管分解得到了氧气和氢气，在化合与分解两方面证明了水的组成，并由此提出了科学的元素观。他首次提出了物质不灭定律和质量守恒定律，首次给化合物以合理的命名，首次对早期元素进行了分类，列出了第一张元素表……纵观拉瓦锡一生的科学活动，始终寓伟大成就于不断地创新求索中，所以他才能石破天惊，宣布一个科学新时代的到来。

居里夫人能成为全世界唯一一位两次获得诺贝尔奖的女科学家；牛顿发现能量守恒与转化定律；玻尔组建了世界上一流的量子物理学派；贝尔发明了电话……这些出人意料的累累硕果与勇于质疑、敢于创新的科学精神是分不开。

而提出问题本身，也是一门艺术，是学生需要培养的一种能力。青少年朋友们或许会发现，校园里并不缺乏敢于向老师和同学提问的人，但是却并不是每个人都善于提问。有时候老师在课堂上被提到的问题，本身与课堂所讲内容完全无关，以至于老师一时不知道从何回答；一些同学随感而发，随意提问，有时候连自己都不知道这个问题的提出是为了什么；一些同学因为仓促提问，思考不周，或者词不达意，老师听不明白问题，导致讨论无法继续等。

那么，在校园中，如何提问才能获得良好的效果，从而提高自己的提问能力？以下几点建议，可供学子们参考。

一、明确提问目标。

有目的性地提问能克服学生提问的随意性和盲目性，提出的问题要围绕主题，切记不要思维过于发散，导致偏离主题。

二、准备充分。

兵家有云：不打无准备之仗。提问同样如此，充分的问前准备是十分必要的。老师经常教育学生，思考之后再发问、实践之后再提问。实践出真知，在学习阶段，真正的学习是"做"出来的，不是"听"出来的。通过自己的实践，将问题进行转化后提问出来。

三、注意找准时机。

恰当的时机提出恰当的问题，可以提高提问的有效性，能收到事半功倍的效果。如果老师讲过一个问题，当时没有提出任何问题，过了很久之后，老师已经淡忘，再提出问题的话，不仅会造成老师的困扰，也会影响问题解决的效果。

四、注意实用性。

提问要注意实用性，在高中的校园中，如果你提出爱因斯坦"相对论"或者"黑洞"理论的问题，那么显然，是没有什么实用性，也是没有太大的价值和意义的。

五、注意适量原则。

单次提问，注意问题的数量不宜过多，一来，不宜解答；二来，不宜消化。如果问题相对较多，也需要注意问题之间的联系，尽量将多个问题用同样的线索串联起来。

学生读书，一定会产生许多问题，有完全不懂的问题，有懂得不透的问题，也还有教师或其他同学提出的而自己尚未察觉的问题，有的比较浅显，有的比较深刻。有问题才会产生求知的欲望。但是，长期以来，教学中常常忽视学生的这种学习潜能，教师不能发挥他们参与学习的主动性，有意或无意地在压抑学生好问的天性，致使学生产生了各种心理障碍，如：对自己的认识产生自我否定的意识，存在认为自己根本提不出问题的自卑心理；自己有问题，但顾虑重重，担心提出的问题不合教师的意图而受到教师的指责；或提出的问题过于简单，不能引起教师的重视，并担心遭到同学的嘲笑等。

在学习和生活中，养成提问的良好习惯对每一位莘莘学子的重要性已经不言而喻。这个世界时时处处都有知识、有科学、有问题，平时学生们应该多到校园外去，接触一下社会，养成喜欢观察问题、提出问题、思考问题的习惯。

◎哈佛心理评估：测试你的明辨是非。

你听说社区门前贴了张悬赏告示，奖金是10万元，你觉得是在找什么？

A．寻找失物

B．寻人启事

C．寻找宠物

D．为交通事故或其他犯罪事件寻找线索

答案分析

选A：你很容易识别善恶，并产生警戒。

你很容易识别善恶，也很容易进入戒备状态：如果有一个可疑的人在你的面前出现，你会采取很引人注意的防御行动，让大家都知道你的态度。虽然你的观察力不错，可是容易冲动行事，打草惊蛇，反而将自己的想法泄露给对方。明枪易躲，暗箭难防啊！

选B：你能识别善恶，但不随便起疑。

你能洞悉人性的复杂和险恶，但不会随便怀疑别人，因为你有强烈的好奇心，也喜欢和人相处，相信人性有美好的一面，久而久之，便见识到了各种人的嘴脸，并且能和不同的人处理好关系，能在喧闹的人群中游刃有余、怡然自得。

选C：你太天真善良，根本无法辨别人心。

有没有听过人家这样骂你："笨蛋！这么幼稚，人家把你卖了你还帮人家数钱呢。"说真的，这是值得你好好想一想的问题。因为你纯真善良的本性根本无法辨识人心的真伪善恶，总把所有的事情都想得很美好，很容易受伤的。

选D：你不但能洞悉善恶，你的精明令人畏惧。

真佩服你的精明，你的警觉性很高，一点点儿不对劲的状况马上就能引起你的注意，很少有人能唬得住你。而你也有精确的判断力，能迅速掌控全局，马上就把对方的底细探得一清二楚。再聪明的骗子一见到你那锐利的眼睛，也会产生畏惧。

列出质疑的问题，多思考，不轻信

质疑，需要独立思考的能力，同样，如果没有质疑的精神，那思考也没有意义。只有质疑加思考，才能启发大脑对事物的深刻研究，最后做出判断。

在哈佛的一堂课上，曾有过这样一个故事。教授为同学们讲述了一种学术理论，他告诉同学们，这种理论只存在于中世纪某一特殊时期的某个国家，但是因宗教以及各方主流派的压力，这个理论很快就被禁止传播了，所以很少有文献记录它。同学们认真地将这个珍稀的理论记录了下来，并且按照教授的要求分成了小组进行讨论，讨论结果也被记录了下来。

接下来的一次测验中，教授出到了这个题目，于是大多数学生将教授在课堂上所教的理论以及小组讨论的结果反映到了考卷上，他们认为应该可以获得好成绩。

然而万万没想到，当试卷发下来，这道问题的答案旁边都划着一个大大的叉号，学生们简直惊呆了！这次测验，全班同学得的都是零分。这是怎么回事呢？

教授解释道，其实事情很简单。这个理论本身就是错的，关于这个学术理论的一切，都是教授自己故意编造出来的，它从来就没有出现过。因此，学生们所记录下来的，全部都是虚假错误的信息。

全班同学都感到不可思议：教授为什么要和学生开这种玩笑？

紧接着教授说，学生们只要去图书馆查证，或者去别的教授那里请教，本该很容易识破他的把戏。然而他们竟对此深信不疑，从来没有怀疑过这个理论的真实性。

哈佛的教授其实是希望学生能够从这次经验中吸取教训，并告诫每个人要牢牢记住，任何老师或者课本都不能不假思索地轻易相信，每个人都难免犯错误。凡事要多质疑，勤于思考，千万不要让自己的大脑"睡大觉"，一旦发现老师或课本上有什么错误，都要立刻指出来，勇于发起疑问。

在今天，不被旁人左右自己的思维，不一味地随波逐流，已经显得越来越重要。对事物不轻信，学会独立思考，自身的潜能才有机会更多地发挥出来。在求知的道路上，在追逐自己理想的道路上，我们应该学习哈佛的理念，敢于质疑，善于质疑，积极培养自己的独立思考能力。

有一天，爱迪生在路上碰见一个朋友，看见他手指关节肿了。

爱迪生问："为什么会肿呢？"

"我还不知道真实的原因是什么。"

"为什么？你没有看过医生吗？医生是怎么说的？"

"我看过好几个医生，但是每个医生说的都不同，不过有一些医生说是痛风症。"

"痛风症，这是什么病？"

"他们告诉我说，是尿酸积淤在骨节里，所以造成这样的症状。"

"既然如此，他们为什么不从你骨节中取出尿酸来呢？"

朋友回答："他们说尿酸是不能溶解的，不晓得如何取。"

这位世界闻名的科学家回答："我不相信。"

爱迪生抱着质疑的态度回到他的实验室里，立刻开始试验，他要看看尿酸到底是否能溶解。他在实验室排好一列试管，每只试管内都注入不同的化学试剂，每种试剂中都放入尿酸结晶。惊喜的是，两天之后，他发现有两种试剂中的尿酸结晶已经溶化。于是，爱迪生这个新的发现问世了，并且很快被传播出去。如今，爱迪生发明的这两种试剂中的一种，已经被运用于医学，普遍在医治痛风症中被采用。

爱迪生敢于不断质疑的精神，才促使了又一项科研新成果的诞生，并且使得后世人得以获益良多。青少年朋友们，在学习中发现疑难问题，可在读书笔记中记下来，以备日后用来深入思考和多方请教。千万不要轻易捻灭自己心中那股质疑的火苗，那将是你通向成功的星星之火，相信日后必定燎原。

"大疑则大进，小疑则小进，不疑则不进"，在人类前行的过程中，批判和怀疑起着无可置疑的推动作用。

试想，一个时代怎么会在权势中进步呢？漠视、孤立那些敢于提出疑问的人，其本身不正是在扼杀一个社会的本性吗？当绝对的权力备受争议时社会才会进步，欲使历史之手行运，必须让质疑之轮不停运转。

质疑权威亦是现实对于完美的挑战。在很多人心目中，《阿凡达》和第82届奥斯卡的主角《拆弹部队》，一部有亿万观众支持，一部有影评界力挺，然而最后奥斯卡奖却颁给了《拆弹部队》。其实如今想来，这结果也实属正常。《阿凡达》作为人类未来的一个权威的代表更趋向于完美派，保持人们对于理想生活的追求与向往，然而《拆弹部队》则更是批判现实的质疑者。现实与完美不可兼容，现实终会凌驾于完美之上，我们也不能永远生活在权威的影响下，走出权势，也许会让社会更美好。

勇于质疑那些精英，科学的进步离不开质疑精神，以古代玛雅人的预言为背景的电影《2012》，上演后在全球引起轰动，其中的精英主义与平民主义的博弈则是一个永恒的主题，民众质疑精英，这是理所当然的，人类几千年的文明史上，多数人的命运由少数人决定，多数人被少数人统治，这是一个常态，尽管在这些少数的精英中，也产生了大众民主的思想，产生了平民主义的精神，也不时出现为多数人欢呼的人物，但是人类的历史发展方向由精英决定基本从来没有改变过，但作为权威而言，如果脱离了会质疑的群众，他们又怎么能有成功呢，质疑才是掌握权势的前提。

高中生，更应该胆大心细，勇于质疑敢于发现，跟随着科学家质疑精神的脚步，稳扎稳打。用优秀两个字要求自己，凡事都要问个"为什么"，多问一次，你的知识就会增加一分，你的思考能力就会增强一分。经过三年的历练，相信你一定能成为思考能力接近哈佛人的优秀学生。

◎哈佛心理评估：测试你的思考度。

1．甲、乙、丙都喜欢对别人说谎话，不过有时候也说真话。一天，甲指责乙说谎话，乙指责丙说谎话，丙说甲与乙两人都在说谎话。其实，在他们3个人当中，至少有一人说的是真话。请问到底是谁在说谎话呢?

2．4个人在对一部电视剧主演的年龄进行猜测，实际上只有一个人说对了。

张：她不会超过20岁；

王：她不超过25岁；

李：她绝对在30岁以上；

赵：她的岁数在35岁以下。

选择答案

A．张说得对；

B．她的年龄在35岁以上；

C．她的岁数在30～35岁之间；

D．赵说得对。

3．A、B、C、D四个学生参加一次数学竞赛，赛后他们四人预测名次如下：

A说："C第一，我第三。"

B说："我第一，D第四。"

C说："我第三，D第二。"

D没有说话。

等到最后公布考试成绩时，发现他们每人预测对了一半，请说出他们竞赛的排名次序。

参考答案

1．甲在说谎。

（1）如果甲说真话，乙说的就是谎话，因为乙指责丙说谎，那么丙说的就成了真话，而丙说甲乙都在说谎，矛盾；

（2）如果乙说真话，则丙在说谎，上述（1）分析知甲在说谎，成立；

（3）如果丙说真话，意指甲说的"乙说谎话"为假，那么乙说的就是真话了，而乙说的是真话则丙在说谎，矛盾。

2．应该选B。

赵的话包括了张、王的答案，还包括李的一部分，得知只有李说对了，实际应该是35岁以上。

3．竞赛的排名次序是：BDAC。

BC两人说的D的名次，可能全错也可能一对一错；假如全错，则BC说的另一半"B第一""C第三"就是对的，但这个结果与A矛盾（A全错），所以不成立。BC说的D的名次必然是一对一错。

（1）如果"D第二"是对的，那"C第三"就是错的，同时"D第四"是错的，"B第一"就是对的；那么从A说的推出："A第三"正确，则"C第四"，不矛盾。

（2）如果"D第四"是对的，"B第一"就是错的，同时"D第二"错、"C第三"对，则"A第三"错、"C第一"对，C的名次矛盾，不成立。

第八章

用失败者的逻辑看世界：从摔跤中让
自己学会走路

哈佛教育中的"挫折课"

> 请享受无法回避的痛苦。
>
> ——哈佛大学教授　穆罕默德

　　在哈佛的图书馆，你会发现这么一句格言："享受无法回避的痛苦。"哈佛大学对学生关于成功与失败的教育十分重视，因为成功与失败是一对孪生姐妹，每个成功者的背后，都写满了失败、挫折等逃避不了的厄运。

　　对于挫折，罗素是这样说的："要使整个人生都过得舒适、愉快，这是不可能的，因此人类必须具备一种能应付逆境的态度。"人生不如意之事常有，在你的生活遭遇低谷时，你会放弃吗？经历了一次次失败与挫折，你会被打倒吗？生活的道路从来就不平坦，总是充满了坎坷和突如其来的困难，这些都是我们无法选择和预料的。但是，面对坎坷和困难的态度却是我们可以选择的。是就此被困难击倒，还是享受无法回避的痛苦，在绝望中发现希望，而这都取决于我们自己。当我们遭受挫折的时刻，正是生命中最多选择与机会的时刻。最终的成败取决于你对待命运给予你这份煎熬时的态度，你是选择抬起头承受，还是低下头投降？

有个小男孩，在父母关爱的眼光下跌跌撞撞地学步。

小男孩兴奋地跑着，没有注意到前方一块小石头，于是被绊倒，跌坐在地上哭了起来。母亲连忙跑了过去，却没有急于把他扶起来。

"孩子，不要哭。要是你跌倒在地上，你就想办法抓一把沙子。"母亲微笑着说。

男孩看着母亲，似懂非懂，却牢牢地把这句话记在心里。

多年后，男孩长大了，他渐渐明白了母亲话语中的含义：你之所以被小石头绊倒，那是因为你没有发现它，所以在跌倒后你应该捡起它，这样，至少你不会在同一个地方被同一块石头绊倒两次。而跌倒在地上后，要想办法抓一把沙子，那是因为即使你已经跌倒在地，也还是有发现机会的可能，那些沙砾或许就代表着最小的机会，只要你积极地把握住它们，或许就是在为自己累积成功的可能。

此后，男孩牢牢记着母亲的教导，经常睁开眼睛细心地看世界。

因为他知道，即使你跌倒了，还是可以在跌倒的地方找到代表着机会和成功的沙砾；即便在生活中遭遇到了失败，仍要做到在每次失败中都要有所得。

失败不可怕，只要能够像故事中的小男孩一样，从摔倒的地方爬起来，并且在失败的地方抓住希望的沙砾，那么一次失败就是一次成功的萌芽。

哈佛的校园里流传着这样一段经典对白，不知你是否听过：

"您是如何成功的？"

"四个字，正确决策。"

"那么您是如何取得正确决策的？"

"两个字，经验。"

"您的经验来自哪里？"

"四个字，错误决策。"

每一次的失败都隐藏着一个重生的机会，每一次的失败也都孕育着一颗成功的果实，如果你能够预见得到、看得到这棵还未长成的果实，那么多几次失败也不见得是一件坏事。每个成功人士的背后，都有着无数失败的故事，每一条成功的道路上都布满荆棘，挫折是通往成功的必经阶梯，失败是获取成功必然要付出的代价。

事实上，爱迪生失败了不止5000次，才最终发明了灯泡，他不是干坐在实验室说，"相信就能做到"，而是我相信，而且我会加倍努力、满怀斗志地工作，他的一条名言是"我从失败走向成功"。

爱迪生是史上最富创造力、最多产的科学家，这并不是巧合。他一生申请了1097项专利，当今世界的发展，大半要归功于他。史上最成功、最富创造力的科学家，也是失败次数最多的科学家，这并不是巧合。

贝尔在研究电话的发明之时，经历了一次次失败与打击，终于努力钻研攻克难关，成功发明了电话；莱特兄弟应用了和别人同样的原理，在别人失败的基础上，给翼边加了可动的机翼，使得飞行员能够控制机翼，保持飞机平衡。最终找到突破口，很快就获得了成功。

正是因为在一次次失败的经历中积极地寻找成功的萌芽，也正是因为在自己和别人的失败之处积极地找寻原因，勇于开动脑筋来解决这一个个摆在面前的难题，贝尔终于发明了电话，而莱特兄弟成了人类航天的始祖。

无数成功的例子告诉我们：人生在面临艰难困苦时，在挫折和失败中不灰心丧气，努力寻找成功的萌芽，才能听到从天而降的福音。

作为哈佛上座率最高的教授之一，塔尔·本·沙哈尔的开场白也有些与众不同，未开讲先称赞起学生的走路姿势很优美，由此转入到当天的主题——如何面对失败。教授提醒各位学生，每个人必须经历蹒跚学步才能走出如今优美的步伐，同样每个人也要经历无数次失败才能成功。真正的学生领袖必须懂得如何面对失败。

除了耳熟能详的爱迪生、林肯如何面对失败的事例，沙哈尔教授在讲座中引入了很多中国元素。而当学生提出请教授谈谈自己的失败经历时，教授对这个问题丝毫不尴尬，大方地透露自己曾经梦想进NBA打球，但是身体条件不允许被淘汰；第一次追求女生，但人家说对他没兴趣；曾经在小学成为全班唯

——一个不及格的学生。

教授坦言失败并不可怕，要想提高成功的几率，唯一的办法就是把失败的几率提高两倍。最后教授赠送给在场的所有同学一句名言："Learn to fail or fail to learn. （学习失败，否则失败于学习。）"希望大家可以坦然地接受失败。

所以说，挫折和失败是迈向成功的阶梯，藏在失败背后的也许是最好的机会，只有把握住这个机会，才有可能更快地成就自己的未来。由此看来，失败，何尝不是迈向成功的起跑线。无论是成功的鲜花还是失败的哀叹，都只能自己来选择和铸就。每一个渴望成功的人，首先必须是一个能够战胜挫折、把握自己的人。向挫折投降的人，永远无法跨越那摆在自己面前的障碍，不能承受并超越挫折，才是真正的失败。

◎哈佛心理评估：测试你面对挫折的承受能力。

青少年朋友们，面对困难、挫折时，你的承受能力、抗打击能力如何？测试题目如下：

1. 当你遇到令你焦虑的事情时，你会怎样？

　A．无法再继续做事情

　B．没有任何影响

　C．介于以上二者之间

2. 当你遇到令人头疼的竞争对手时，你会怎样？

　A．想怎样就怎样，不控制自己的情绪

　B．冷静面对，克制自己的情绪

　C．介于以上二者之间

3. 当你遇到失意的时候，你会怎样？

　A．放弃

　B．吸取这次教训，从头再来

　C．介于以上二者之间

4. 当你事业不顺利的时候，你会怎样？

   A. 会一直担心，不能集中精力做别的事情

   B. 仔细考虑问题所在，努力解决问题

   C. 介于以上二者之间

5. 事情做太多感到疲劳时，你会怎样？

   A. 没有办法再思考

   B. 坚持干完

   C. 介于以上二者之间

6. 自己所处的环境和条件很差时，你会怎样？

   A. 因为条件很差而放弃

   B. 克服困难，想办法改变现状

   C. 介于以上二者之间

7. 你正处于人生的低谷，你会怎样？

   A. 破罐破摔，听之任之

   B. 积极奋斗

   C. 介于以上二者之间

8. 遇到棘手问题，难以解决的时候，你会怎样？

   A. 垂头丧气，灰心失望

   B. 尽自己的全力将它做好

   C. 介于以上二者之间

9. 遇到自己难以解决或者不想做的事时，你会怎样？

   A. 拒绝接受

   B. 想办法做好

   C. 介于以上二者之间

10. 遇到人生的重大挫折时，你会怎样？

    A. 彻底丧失信心

    B. 再接再厉

C. 介于以上二者之间

以上10题，选A不加分，选B加2分，选C加1分。

答案分析

0～9分，说明你不能承受挫折的打击，遇到一点挫折就不知所措，灰心失望。

10～16分，说明你对某些挫折打击有一定的承受能力，但是你在遇到某些挫折的时候仍然会表现出脆弱。

17分以上，说明你是一个足够坚强的人，对于挫折打击有很强的承受能力。

建议得分在0～9分的人多参加一些锻炼意志和承受能力的活动，比如体育活动、各种比赛，读一些励志的书籍，学习在失败中不断提高自己抗挫折的能力。并且交一些意志坚强、性格乐观的朋友，他们会在你遇到挫折的时候给予适当的建议和鼓励。当然你还可以找心理医生咨询，针对你个人的具体情况提出相应的改进方案。

建议测试结果在10～16分之间的人遇到挫折的时候，把事情尽可能朝有利的方面想，等到冷静分析情况后再做出决定，比如挫折产生的根源，自己能否解决，或者是否值得。

不争"第一"背后的意义

> 我们努力了，珍惜了，问心无愧。其他的，交给命运。
>
> ——哈佛大学成功学　威廉教授

《美国新闻与世界报导》每年都会给美国私立大学进行排名。2014年夺得首位的是普林斯顿大学，哈佛大学紧跟其后，排在第二。但是和第一名比起来，哈佛只有一分微小的差距。但是这丝毫不影响哈佛在全世界的一流名校之称，也不会影响来自全世界各地的莘莘学子对哈佛的向往。

在哈佛的校园里经常听到，同学之间说要互相帮忙、一起努力，很难听到为了成为第一名而努力。这里的学生都很优秀，没有必要就谁最优秀的问题一争高下，只要自己做好即可。哈佛的一位学生曾经说道："我觉得最重要的是'尽力做'。进入哈佛学习本身就是在追求最高目标了，在这个过程当中，判断自己是否已经尽全力，比争当一个'第一'的虚名更加重要。"

曾经，连续5年来，河南某高校高考成绩名列全国前茅，有媒体对该校所有考上名校和重点大学的学生进行过一次采访，当被问及"是否想过当第一"这个问题的时候，几乎所有的高考牛人都回答了"没有"。这让记者有些意外，当追问原因时，他们的回答也惊人的相似：只争取自己做到最好，不强求第一。

古人云：谋事在人，成事在天，不可强也！但是不争"第一"，不代表不求上进，而是尽自己所能努力之后，结果不做强求。

1947年，美国第39任总统吉米·卡特从海军学院毕业。一次，他遇到了当时的海军上将里·科费将军。这位将军让吉米·卡特说了几件自己比较满意的事情。于是，他得意洋洋地谈起了自己在海军学院毕业时的成绩。当吉米·卡特满心期待将军的夸奖时，里·科费将军只是反问了他一句："你尽自己最大的努力了吗？"这句话使吉米·卡特非常震惊，他一言不发，沉默了很长时间。

将军的这句话，让年轻的吉米·卡特牢记在心，并将它作为座右铭，用来时时激励和告诫自己。他不断进取，永不自满和松懈，尽自己最大努力做好每一件事情。最后，通过他的不懈努力，登上了权力顶峰，成了美国第39任总统！后来，吉米·卡特卸任之后撰写回忆录，《你尽最大努力了吗？》便成为了标题。希望更多的人，能够学习这种坚忍不拔的毅力和永远进取的精神。

那么，如何更好地理解不争"第一"的背后意义，如何做到不争"第一"背后的竭尽全力？以下几个心理暗示，可以帮助青少年朋友们养成积极进取的习惯，培养精益求精的精神。

一、你永远都不知道，还有多少人比你更努力。

你一天上九节课加两节晚自习，可你不知道夜深人静还有多少人挑灯夜战；你可以一天写完两支笔芯，至少三套卷子，可你不知道有多少人做完卷子之后，自己又做课外题；你可以早起十分钟、晚睡十分钟记几个单词和成语，可你不知道还有多少人早起晚睡了半个小时。总有人比你努力，而你永远不知道这些比你努力的人有多少。

二、坦然面对失败，其实我可以做得更好。

其实我们只要多想一步，就会有更多的发现；其实我们多考虑一点，就会收到不一样的效果；其实我们多努力一下，可能就会扭转整个局面；其实，我们可以做得更好。

面对失败，重新站起。它和我们身体免疫系统的运作方式相同。当我们身体不适、当我们生病时，我们的身体感应到抗体，我们实际上会免疫得过的病，我们的身体通过失败获得免疫力。在心理层面也相同。

成长的途径只有这一条，健康的生活、真实的生活、快乐的生活看起来基本上都像一个带起伏的螺旋，不是一条直线。一时失足而导致失败，不可避免。

就像黑格尔的否定之否定规律，往往会因为经历过这些困难而获得更好的发展。他说没有其他办法，学习失败或在失败中学习，它必须有起有落。

学会失败，从失败中学习，我们小时候都知道。小时候，我们摔倒了，疼的话可能会哭鼻子，但是马上又站起来了；摔倒了，还会笑。

三、不能害怕犯错，道路还很长，路永远走不完。

阶段的成功只是新的开始，不管是成功的道路，还是成长的路程，都还很长、很远。不要躺在成绩上睡大觉，抬起头继续走，也许就是一辈子，永不放弃不曾是一句空话。

艾伯特·哈伯德说过："一个人能犯的最大错误，就是害怕犯错。"我想给大家举个例子，有一个人犯过错，失败了一次又一次，我甚至想授予他"失败大王"的称号。22岁时，刚找到新工作，就失业了。23岁时，他决定投身政治，但是也没有成功。于是继续回去经商，又没有成功。27岁时，压力太大，他崩溃了，精神崩溃，但又重新站起来了。7年后，他34岁时，竞选国会议员，名落孙山。39岁时，他还没有学乖，又一次竞选议员失败。他说："让我试试更高层的。"46岁时，真失败啊，还没学乖；没关系，学会失败，从失败中学习。到了47岁时，他试图竞选副总统，又失败了。到了50岁时，他试图竞选参议员，他几乎想放弃了，但最终没有。到了51岁，林肯成了美国第16任总统，大概是这个国家历史上最有影响力的总统。他谈起这段经历时说"失败让人痛苦"，但还是挺过来了。因为和历史上其他成功者一样。他懂得，学习别无他法，成长别无他法。

面对挫折，圣贤们谈笑风生，他们或放歌于蓝天，或垂钓于溪水，或采菊于东蓠，或深居于竹林，他们行吟高歌，倚风长啸。心如澄澈秋水，行如不系之舟。古往今来，多少仁人志士在挫折中奋勇向前，由历史的青灯黄卷走进线装书，留在了汗青史册。

因此，青少年朋友们，不争"第一"，不意味着不用努力；不争"第一"不意味着不需要成长；不争"第一"，要的是你的尽力而为；不争"第一"，靠的是你的全力以赴。在真正做到100%努力之后，你会发现，"第一"已经没有那么重要，你已经是最棒的。

◎哈佛心理评估：你是否够努力？

在课堂上所表现出的一些微不足道的小事，也可能看出你是否够努力。请问，你在课堂上听老师讲课时通常会采取怎样的方式？

1. 认真地看着黑板，将老师讲的全部记下来。
2. 只将老师讲的重点记下来，下课后再回想一下。
3. 有选择性地做笔记，重点标出疑难的地方，下课后再系统地复习。
4. 以"考前猜题"的心态听课，抓住老师反复强调的内容。

答案分析

选择1：你是一个勤奋好学的人，不过在学习方法上还需要改进。

选择2：你的理解能力超强，因为时常抓住重点，所以成绩一直不错。

选择3：你是一个很注重系统学习的人，在学习上有自己的一套方法、方式和习惯。

选择4：你的学习动机不太恰当，总想着投机取巧，而不踏实学习。

总结失败，使之成为成功的垫脚石

失败也是我需要的，它与成功对我一样有价值。

——著名发明家　爱迪生

　　哈佛的课堂从来不会强迫学生去成功，反之，哈佛总是在告诉学生失败的意义，甚至教学生如何去失败。失败并不可怕，可怕的是失败没有价值。一个人失败之后，能够及时总结，及时发现失败的原因，才能让这次失败变成人生中的价值。高中生的生活中，也会面对形形色色的失败，在一次次的失败中，如果我们能够善于总结，做到自省，那么失败也不过是我们最后成功的基础。

　　人生没有失败可言，只是暂时达不到目标而已。因为失败也可以是成功的垫脚石。只要善于总结失败，失败就有可能引导你达到胜利。

　　失败不可怕，但可怕的是，总在同一个地方失败，那就麻烦了。哈佛大学这样教育学生："人生不怕犯错误，就怕一错再错。"失败是在所难免的，但千万不要不动脑筋地默认失败的发生，最好还是要仔细分析并总结一下，从失败中学习，为成功指路。这时，失败就会变成重要的资产！即使是一些小小的

194

错误，都应从中学到些什么。尽快从失败中找到自身的不足，由此来筹划下一次的成功。

沃尔玛公司的一位总经理曾经在一份商业周刊上发表过一篇文章，其中有这样的一句话："如果一个人犯两次同样的错误，那是悲哀的。"

所以，失败时要抓住重新学习与修正的机会，尽可能地找到错误的原因，并且找到弥补的办法，记住这次失败所留下的教训，千万不要因为这些失败的漏洞，而导致第二次失败。

关于这一点，爱因斯坦的做法很值得参考。

当爱因斯坦刚刚进入普林斯顿高级研究所时，办公室的管理人员问他还需要准备什么用具。爱因斯坦看了看办公室说："我需要一张桌子或者台子、一把椅子、一些纸张，还有几支钢笔。最重要的是，我需要一个大一些的废纸篓。"

管理人员很好奇，因为办公室配备的废纸篓都是同一规格的，他问爱因斯坦："为什么您偏偏要大的废纸篓呢？"

爱因斯坦回答说："我需要将我的错误都扔进去。"

将错误扔掉，就会降低再次失败的可能性。人们追求卓越的过程，其实就是一个不断总结失败、丢弃错误、学习真理的过程。

成功学家拿破仑·希尔曾经说过，在失败面前至少有三种人：第一种人，遭受了失败的打击，从此一蹶不振，既没有勇气，也没有头脑；第二种人，遭受失败的打击，虽然没有被打垮，却不知反省自己、总结失败经验，只凭一腔热血往前冲，有勇无谋；第三种人，遭受失败的打击之后，能够及时审时度势，调整自身，总结失败、吸取教训，以降低失败的几率。此为有勇有谋、智勇双全。只有第三种人才能将自己遭遇的失败变成资本，让失败成为成功的向导。

美国职业篮球联赛被称为"世界四大体育赛事"之一，是美国第一大职业篮球赛事，代表了世界篮球的最高水平。从联赛中走出了众多知名的篮球明星，其中迈克尔·乔丹可以说是最伟大的球员之一，他拥有无数的篮球粉丝，受到全世界球迷和体育界人士的关注。

就在受万众瞩目的时刻，乔丹却回忆起以前他所遭遇的种种失败，比如他在读中学时曾经被开除出篮球队，比如他还曾经在职业棒球赛上遭遇过惨烈的败局，就算他已经开始了职业篮球的生涯，也曾经有38次由于失误而没有拿下最终的决胜一分，等等。

而乔丹最后说："这些失败，就是我成功的原因！"

失败造就成功，这是一句多么振奋人心的话，这更是一句哲理！

正如哈佛的一位教授所说："了解自己为何失败，失败就将成为你的个人资产。"事实就是如此，失败能让一个人看到自己更多的薄弱面。不过，失败虽然是资产，却绝对不能像投资那样去"放长线钓大鱼"。越早发现漏洞，越容易弥补；越早看到错误，错误才会越容易纠正。

那么，如何让失败变成成功的垫脚石呢？

一、相信没有永远的失败。

哈佛人认为：世上没有永远的失败，只有暂时的不成功。任何困难都是有办法解决的，只是暂时没有找到解决的方法而已。在不相信失败的人眼里，一切阻碍成功的困难都只是纸老虎，相信通自己总有一天会把纸老虎赶走，赢得属于自己的一片森林。

二、注重研究过程。

有的人过于看重结果，一旦失败之后往往纠结于失败这个结果，而忽视了研究导致失败的过程。每一个结果都是由过程决定，研究过程也就是总结原因，只有仔细分析过程，才可能找到失败的根源，并且总结避免再次失败的方法。

人之一世，殊为不易。在看似平坦的人生旅途中充满了种种荆棘，往往使人痛不欲生。痛苦之于人，犹如狂风之于陋屋，巨浪之于孤舟。百世沧桑，不知有多少心胸狭隘之人因受挫折放大痛苦而一蹶不振；人世千年，更不知有多少意志薄弱之人因受挫放大痛苦而志气消沉；万古旷世，又不知有多少内心懦弱的人因受挫放大痛苦而葬身于万劫不复的深渊……面对挫折，我们不应放大痛苦，而应直面人生，缩小痛苦，直至成功的那一天。

《哈佛商业评论》中提到：要接受失败，接受悲伤，然后化悲伤为力量，将失败踩在脚底下，一步步迈向成功。在失败面前，积极努力地研究并寻找失败的原因，并总结出下一次进攻的方案，那么你就是在进步。这样的话，你就没有失败可言，一切的失败都只是成功的垫脚石。

◎哈佛心理评估：测试你的分析总结能力。

1．用小圆炉烤南瓜饼（每次最多只能同时烤两个），每个饼的正反面都要烤，而每烤一面需要半分钟。请问怎样在一分半钟内烤好3个南瓜饼？

2．假定桌子上有3瓶威士忌，每瓶平均分给若干人喝，但喝各瓶威士忌的人数不相等，不过其中一个人同时喝了3瓶威士忌，且每瓶威士忌的量加起来正好是一整瓶。请问：喝这3瓶威士忌的各有多少人？

3．今天是丹尼爷爷出生后过的第二十个生日（出生那天不算在内），你能够很快算出丹尼爷爷的生日吗？

4．奥劳是一名商人，他在临终前对妻子说："你不久就要生孩子了。如果生的是女孩，你就把财产分给她1/3，你留2/3；如果是男孩，就分给他2/3，你留1/3。"奥劳死后不久，妻子生了孩子，可她生的是龙凤胎，一个男孩，一个女孩。那么，财产应该如何分配才能满足奥劳的遗愿呢？

5．某原始部落的男人们都穿着一种缠腰布式的服装。如果部落的男人只能在每个星期一晚上把脏衣服送到城里洗衣店去洗，且同时将干净衣服取回，请问：每个男人至少有几件衣服才能保证他们每天都有干净的衣服穿？

6．吉米喜欢登山，一天他随登山队登上了数千米高的山峰后，发现自己那块一向非常准的机械表走快了，而下山以后却又发现手表和以前走得一样准确了。你知道手表变快的原因吗？

7．在一建筑工地上，有一深达1米的矩形小洞，一只小鸟不慎掉了进去。小洞很狭窄，人的手臂伸不进去，若用两根树枝去夹，又可能伤害小鸟。你能否想出一个简便的方法把小鸟从小洞中救出来呢？

8．两只同样的烧杯内均装着500毫升100℃热水。如果在一只杯子内先加人20℃冷水200毫升，然后再静止冷却5分钟；而另一只杯子先静止冷却5分钟，然后再加人20℃冷水200毫升。请问，此时，这两只烧杯内的水温哪一个低？

9．一列火车离开波士顿开往芝加哥，与此同时，另一列火车离开芝加哥开往波士顿。从波士顿出发的火车的速度是60英里/小时，从芝加哥出发的火车的速度是50英里/小时。请问，当两列火车相遇时，哪一列火车离波士顿较近？

10．妻子打电话给丈夫，要他替自己买一些日用品，同时告诉他，钱放在书桌上的一个信封里。丈夫找到信封，看见上面写着"98"，就把钱拿出来放进衣兜里了。在商店他买了90元东西，付款时才发现，他不仅没剩下8元，反而差了4元。回家后，他把这件事告诉妻子，怀疑妻子把钱点错了。妻子笑着说，她没错，错在丈夫身上。聪明的你知道这是为什么吗？

参考答案

1．将三个要烤制的南瓜编号成A、B、C。先把A、B两个饼放在炉上烤：半分钟后，把A翻个面同时取下B，放上C继续烤；又过了半分钟后，取下A换上B，烤B未烤过的一面，同时把C翻过来即可。

2．喝这三瓶威士忌的人数为2人、3人、6人。即第一瓶2人喝，每人平均喝半瓶;第二瓶1人喝，每人平均喝1/3瓶；第三瓶6人喝，每人平均喝1/6瓶。其中一个人三瓶都喝了，加起来的量正好是一瓶。

3．丹尼爷爷的生日是：2月29日。公历中的闰年，每四年才有一次2月29日。

4．按奥劳的遗愿应将财产分为7等份，然后给男孩4份，给女孩1份，给妻子留2份。

5．15件。每个男人在星期一晚上必须送洗7件，同时取回7件；另外，在这一天他身上还要穿1件。

6．机械手表的摆轮在摆动时要受到空气的阻力，高山上的空气比山下的空气稀薄，所以，高山上的手表比山下时走得快一些。

7．把沙慢慢灌入洞里，这样小鸟便会随洞中沙子的升高而回到洞口。

8．第二只杯内的水温低（先做一次实践，再想想是何道理）。

9．当两列火车相遇时，它们离波士顿的距离应该相同。

10．实际钱数是86元，丈夫把86倒过来，看成98了。

答案分析

答出8题以上：分析能力强。

在这10道测试题中，你能正确回答出8题以上，说明你具有很强的分析能力，在解决现实的工作、学习问题时会有上佳的表现。

答出6～8题：分析能力正常。

在这10道测试题中，你能顺利地回答出6～8题，说明你的分析能力属于正常水平。生活中一般的事情还不至于难倒你，如果能再训练一下自己的分析能力；应用更恰当的策略，处理问题时会更加得心应手。

只答对了6题以下：分析能力较弱。

这个结果说明你还需要提高分析能力，不过也不要灰心，一个人的分析能力不仅是先天的，它在很大程度上也取决于后天的训练，所以，只要平时注意多加训练和思考也是可以提高的。

执著与坚持——失败者总会成功

不要失去信心，只要坚持不懈，就终会有成果的。

——中国航天之父　钱学森

《羊皮卷》有云："只要我一息尚存，就要坚持到底，因为我已深知成功的秘诀：坚持不懈，终会成功。"

坚持不懈，直到成功。再前进一步，如果没有用，就再向前一步。事实上，每次进步一点点并不太难。

哈佛校园里流传着这样一个故事：很久以前，有个养蚌的人想培育一颗世界上最大的珍珠。他就去沙滩上挑选沙粒，问他们是否愿意变成珍珠，他们都摇摇头，正当养蚌人快要绝望的时候，有一粒沙子答应了，旁边的沙砾都嘲笑它，说它太傻，去蚌壳里住，远离亲人朋友，见不到阳光、雨露、明月、清风，甚至还缺少空气，只能与黑暗、潮湿、寒冷、孤独为伍多不值得啊！那颗沙粒还是无怨无悔地随养蚌人去了！几年后，那颗沙粒已成了一颗价值连城的珍珠，而那些曾经嘲笑它的伙伴们，有的依然是海滩上平凡的沙粒，有的已化为尘埃！

正如哈佛上座率最高的教授之一，塔尔·本·沙哈尔提醒学生，每个人必须经历蹒跚学步才能走出优美的步伐，每一粒沙都要经历千辛万苦才能成为珍珠。同样，每个人也要经历无数次失败，经历在失败之后的坚持不懈，才能够达到成功的彼岸。

英国首相丘吉尔曾经在一所大学的毕业典礼上进行过一场精彩的演说，那是他一生最精彩的演讲，也是他最后的一次演讲。

那天，整个会堂有上万个学生。丘吉尔在随从陪同下走进了会场，他慢慢地走向讲台，脱下他的大衣，然后摘下了帽子，默默地注视所有的听众。

过了一分钟后。丘吉尔说了一句话："Never give up！"（永不放弃！）说完之后，丘吉尔穿上了大衣，戴上了帽子，就这样离开了会场。这时整个会场顿时鸦雀无声，一分钟后，会场响起了雷鸣般的掌声。

成就大事业者都有一份"永不放弃"的决心，坚持到底是他们共同的品质。

从前有个叫哈兰·山德士的老大爷，他原来开着一个加油站，同时又在加油站经营着一个小饭馆，专门卖他自己独创的炸鸡，而这炸鸡的美味经常让来加油的司机赞不绝口。甚至有人驱车前来不为加油，只是专程来吃炸鸡。

然而在山德士年近古稀之时，他的加油站和炸鸡店却倒闭了，每月只有105美元的救济金勉强过活。山德士决心寻找事业的新起点，希望把自己的炸鸡推广出去。

于是，白发苍苍的山德士穿着整齐的白色西装，打着黑色领结，开着他那辆老福特汽车，带着一只压力锅，一个50磅的作料桶上路了。他不断地走进不同的饭店，为人们当场制作炸鸡，并希望能与老板合作。他说："假如你们喜欢我的炸鸡，我可以教你们制作的方法，不仅如此，我还可以给你们提供作料，将特许权卖给你们。"

但是，山德士被无情地拒绝了。在之后连续两年的时间里，山德士被拒绝了1009次！饭店老板们都觉得这个老头很奇怪，看他制作炸鸡是浪费时间，更不愿意与他合作。山德士不气馁地走进了第1010家饭店，这一次，他终于听到

201

了店家的一句"好吧"。从此，山德士迎来了自己再创业的春天。

或许山德士这个名字大家并不是特别熟悉，但是他的头像肯定是家喻户晓。如今，当年所推销的炸鸡几乎遍布了世界的各个角落，它的名字就叫：肯德基。

青少年朋友们，连续两年的时间，连续1009次的拒绝是怎样的一种感受？可能有的人在尝试了几次、几十次之后就会放弃，但山德士虽然屡战屡败，却屡败屡战，不断地向着正确的方向去努力。

或许"屡战屡败"是天意，但是"屡败屡战"是坚持。一个人屡战屡败并不代表他就是一个失败者，只要他能执著顽强，屡败屡战，坚持不懈，就不算是一个失败者。

"绳锯木断，水滴石穿"，石头如此坚硬，流水如此柔软，然而软水却穿透了硬石，无他，坚持不懈而已。在挫折和苦难面前，我们要始终抱着这样的态度，坚持自己的努力，每一天都去努力，即使只是一个小动作，不断坚持、持之以恒，都有可能为我们敲开成功的大门。

那么，怎样培养自己坚持不懈、执著前行的习惯和素质呢？

一、当你感觉到艰难，说明你在走上坡路。

正确认识所面对的困难和挫折，没有人会在人生的道路上一帆风顺。如果你感觉到前所未有的困难，那将意味着，这次的收获会非常巨大。坚信因为自己在走上坡路，所以艰难。也正是因为在走上坡路，所以请坚持。

二、再走一步，柳暗花明。

不论是学习还是人生，都是一场持久战，人们不免会有疲惫消沉、想要放弃的时候。而这时，不妨提醒自己：如果少走一步，那将前功尽弃；如果多走一步，也许就柳暗花明。所以，在人生的路上，请走一步，再走一步，坚信下一步就可以到达目标。

三、只要自己不放弃，没有什么可以打倒自己。

哈佛的学生明白：人生最大的失败，就是自我放弃。如果自己都放弃了，那么没有人能够挽救你。只要自己不放弃，总会有希望，幸运就不会放弃你，梦想就会离你越来越近。永远记住，只要自己不放弃，没有什么可以阻碍自己获得成功。

坚持不完全等同于成功，但放弃一定意味着失败。胜利者不一定属于跑得最快，跳得最高的人，却一定属于最有毅力，永不言弃的人。踏踏实实地爬山，一步一个阶梯，高山峻岭也可以征服，三两步退缩的人，小小的土坡也会半途而废。虽然坚持的路越发难走，执著的脚步更加沉重，但当你凭借着常人难以付出的心血、韧性去追求胜利，坚定而自信地对自己说一声，再试一次，再试一次！你就有可能到达成功的彼岸！

◎哈佛心理评估：测试你会为何而执著？

你在一个小公园里散步，但总觉得这个公园里缺少了什么，会是以下哪一样呢？

A．秋千　　　　　　　　　B．跷跷板

C．可以溜冰的空地　　　　D．带狗散步的人

E．喷水池

答案分析

A．你很容易牵挂父母家人，跌倒后第一个想法就是不能让家人担心，然后默默努力自己站起来。

B．你失败时会立刻静下来反省，并参考很多宝贵意见再重新出发。

C．你永不服输，只想做到最好，所以会在最短的时间里站起来。

D．你受挫后要在家人和朋友的鼓励下才有勇气站起来。

E．你在遇挫后会对人性有不信任的感觉或有疏离感，因此会让自己先浪漫一段时间再找新机会。

Harvard

half past four

第九章

交朋友的艺术，良友一生受用

编织人脉，从今天开始——哈佛社交课

> 人际交往能力是一种基本智能，指能够察觉并区分他人的情绪、意图、动机和感觉，并运用语言、动作、手势、表情、眼神等方式与他人交流信息、沟通情感的能力。
>
> ——哈佛大学心理学家　加德纳

　　社交也就是人际交往，它不是指人与人之间简单的组合，而是全面的人脉关系网。关于社交，哈佛大学一向很重视。在经济和社会飞速发展的今天，"两耳不闻窗外事，一心只读圣贤书"的为人处世方式已经不再适合，人除了阅读书本以此来获得知识外，还要与社会各界的各类人员进行交流。

　　在哈佛，为了培养学生的社交能力，学校开展了各种各样的课外活动，以促进学生的相互沟通与交流。另外，学生们可以充分发挥主观能动性，基于兴趣与爱好自由地申请组建社团，目前，哈佛成立的社团已经超过800多个。一般而言，哈佛的学生都会选择至少一到两个社团加入。学校鼓励组建如此多的社团，不仅为了丰富学生的娱乐生活，培养兴趣爱好，更重要的是让学生建立更为广阔的人脉关系和社交网络。哈佛的社交活动非常多，定期不定期都会举办各种舞会，而最为盛大的莫过于期末舞会，所有人都会出席。虽说是舞会，却更多的是以聊天和沟通为主，最主要的目的就是社交。

在哈佛，扩大社交、累积人脉和累积知识一样重要。每一位哈佛学生都知道，他们所加入的这些社交平台千金难买。不仅如此，从进入哈佛的那天起，就已经拥有了4万名功成名就的校友。

关于社交，不仅仅需要从内心重视，更需要一些实用的技巧，以此来帮助自己提高社交能力，扩大自己的社交圈。

第一，注意第一印象。

哈佛大学的心理学家认为，在与人初次见面的场合下，第一印象非常关键。人们对某一事物或个人，在第一次见面时留下的印象最为深刻，所以，第一印象容易引起刻板效应。如果第一印象不好，以后的沟通中要改变别人的看法就会非常困难。在社会交往中，初次见面，一定要注意给人留下良好的第一印象。

而良好的第一印象，要求合适的衣着、妆容、言语以及行为等。甚至，有些是一些细枝末节，但是在第一印象中却十分重要。

第二，注意社交礼仪。

注意社交礼仪可以给第一印象加分，同时能体现出一个人的素质与修养。社交礼仪中需要遵循的一些基本原则和技巧，是人们在处理人际关系时的出发点和指导思想，也是保证达到社交目的的基本条件。

1. 着装礼仪：着装会给人最直观的视觉感受，着装同样也是一门艺术，是评价一个人的重要因素。正确得体的着装，能体现个人良好的精神面貌。着装时，需要根据时间、地点、场合、身份和色彩进行相互协调，以达到最好的效果。

2. 举止礼仪：优雅得体的举止，常常被人们称赞，也是社交中的无声语言。一个人的举止可以表现出他的性格、品质、情趣、素养、精神世界和生活习惯。无论是站姿、坐姿、走姿、手势、表情等，都需要注意是否合适。

3. 言谈礼仪：掌握语言表达的艺术，懂得言谈礼仪，会让一个人的谈吐不凡、富有感染力。这样，可以使社会交往获得良好的效果。

4.仪容礼仪：面部要洁净，头发要整洁，身上不要有异味。要给人一种舒心怡人的感觉。

5.称呼礼仪：对人的称呼一定要尊重，不然会闹笑话，也会给社会交往造成障碍。

6.聚会礼仪：这里主要说舞会礼仪。参加舞会时仪表、仪容要整洁大方，不要吃葱、蒜、醋、烈酒等气味强烈的食品。男士要有绅士风度，女士要注意淑女气质，在舞会上，杜绝一切粗鲁不和谐的行为。

第三，注意选择对象。

社交不是撒网捞鱼，捞到什么是什么。尽管广交朋友可以让人结识更多的人，但是却不能保证自己社交圈是否"干净"。

社会交友也要注意看对象，有选择性地结交朋友。可以结交志趣相投的人让彼此之间的思想发生碰撞，产生智慧的火花；可以结交品德高尚的人，接受高尚品质的熏陶，从而不断培养自身的修养与品德；可以结交忠实可靠的人，信任是交友中极其重要的一点。往往是值得信任的朋友，才能在自己深陷困境的时候提供帮助。

正确的社交对你的生活也有很大益处，不论你是高中生，还是成年人。

（一）促进学习上的进步。

学习是高中生的主要活动，高中生的友谊大都是在学习的过程中逐渐发展起来的，并对学习有促进作用。高中生以与同龄同学的交往为最多，而且与朋友在一起的一项主要活动是学习，他们或在一起做作业，或交流学习经验，或探讨学习方法，或谈论课外知识，讨论各种问题，启迪智慧，相互促进。《学记》上说："独学而无友，则孤陋而寡闻"，精辟地说明了友谊对于学习的重要性。

（二）促进情绪、情感的稳定和发展。

高中生正处于"同一性对角色混乱"（艾里克森）的人生危机时期，心理学家霍林沃斯称之为"心理断乳"，社会文化学家斯普兰格称之为"第二次诞生"，这时候青年竭力从心理上摆脱对双亲的依赖，这种急剧而彻底的心理变化无疑会极大地影响高中生的情绪、情感，使他们出现不安、烦恼、寂寞及孤独感等。而朋友关系的建立，则会给高中生带来稳定感和安全感，"朋友是支持和安全的来源，是知己，是'治疗者'"。调查显示大多数高中生在有烦恼时愿意向知心朋友诉说，可见友谊能为高中生释去心理上的重负，融化内心的忧郁和焦虑，从而促进情绪、情感的稳定和发展。

（三）促进意志品质的发展。

人生不如意事常有，逆境、挫折甚至灾难好比水中的暗礁，船行水上难免触礁，一个人遭遇挫折时，朋友的关心和同情就显得特别重要。慰藉的话语，信任的目光，忠诚的帮助，对克服困难、战胜灾难都能增添无穷无尽的力量，并使意志、品质、独立性、坚持性、果断性、自制力得到进一步发展。

（四）促进个性的形成与发展。

个性是指表现在个体身上比较稳定的心理特征（能力、气质、性格）和倾向性（需要、兴趣、世界观等）。高中阶段是个性发展的重要时期，而友谊能促进高中生个性的形成和发展，朋友之间往往性格相似、志趣相投、态度相仿，从而能彼此强化对方良好的性格特征（如热情、友善、谦虚等），发展共同的兴趣爱好，增强各自的能力，促进个性的全面发展。其中，自我意识的发展是个性形成和发展的一个重要方面。高中阶段是个体探索自我、发现自我、表现自我、塑造自我、完善自我的重要时期，而友谊能促进自我意识的发展。发展良好的人际关系，有利于发展自我同一性，促进自我概念的形成，从而避免出现"同一性混乱"。

一个人的成功与否，从他的人际关系中可以预测，一个人的成就和他的活动半径有直接关系，所以成功的第一步，首先就是要有良好的人脉。世界上所有的事，都是有关系产生的。各种关系，无论哪种关系断裂，都很悲哀。人际关系是人与人之间由于交往而产生的一种心理关系，它主要表现为人与人之间在交际过程中关系的深度、亲密性、融洽性和协调性等心理方面联系的程度。从现在开始，进行正常的人际交往，从高中开始，让自己成为一个善于沟通，有魅力的沟通者，连接自己和成功的桥梁。

◎哈佛心理评估：测试你的社会交际能力。

1. 阳光灿烂的日子你会更想待在家里
   是——2　　　　　　　　不是——3

2. 朋友同时借给了你漫画和小说，你会选择先看漫画
   是——3　　　　　　　　不是——4

3. 假如你在朋友家里待太晚了，你就会在他家过夜
   是——6　　　　　　　　不是——5

4. 只要想吃就不在意会变胖，即使半夜也会吃蛋糕
   是——3　　　　　　　　不是——5

5. 早上即使能多赖床几分钟你也会觉得很幸福
   是——7　　　　　　　　不是——6

6. 你对某个人有着似曾相识的感觉
   是——8　　　　　　　　不是——7

7. 你对小朋友特别有耐心，也很喜欢小孩子
   是——10　　　　　　　　不是——9

8. 平常你的脸上总是一副事不关己的表情
   是——7　　　　　　　　不是——9

9. 你现在能在5秒钟内毫不犹豫地说出三个最想要的愿望
   是——11　　　　　　　　不是——12

10. 你觉得年长的人比较值得信赖
    是——11　　　　　　　　不是——9

11. 觉得涂抹圆形的口红比四边形的口红会更具有魅力
    是——12　　　　　　　　不是——13

12. 虽然会偶尔嫌弃父母啰唆，但是仍然会心存感激

は——13 不是——14

13. 是否有人说过你是超级糊涂的大头虾

は——15 不是——14

14. 你喜欢看恐怖片多于喜欢看爱情片

は——15 不是——16

15. 你觉得随身携带手绢的男生会是一个很"娘"的男生

は——16 不是——17

16. 你是否曾经有过买了许多书却没来得及看的经历

は——18 不是——17

17. 觉得自己过了20岁就已经老了？

は——20 不是——19

18. 曾经有过抱着电话不知不觉就讲了好几个小时的经历

は——19 不是——17

19. 想谈一场轰轰烈烈的恋爱

は——20 不是——21

20. 你对流行比较敏感，而且也喜欢追赶潮流

は——21 不是——22

21. 偶尔会有想去看海的冲动

は——B 不是——22

22. 你在外过夜有认床的习惯吗

は——23 不是——A

23. 喜欢一个人享受泡泡浴

は——D 不是——24

24. 觉得拥有一个蓝颜知己对女生来说是很重要的吗

は——C 不是——25

25. 想学架子鼓多于想学小提琴

は——D 不是——E

211

答案分析

A. 你本身就是个比较乐观开朗的人，和谁相处都很"在行"，即使在陌生环境里你都能和别人谈到一块儿。你之所以这么吃得开是因为你身上有着别人无法比拟的闪光点：你既能发现别人身上的长处，又能轻易忽略和原谅别人的缺点错误。所以在你眼里，每个人都有着不同的乐趣，你可以针对不同人身上的特点来进行交流。

B. 你身上有着很强的"融合力"，不论和什么类型的人你都能相处得比较融洽，除非对方对你有着对立的态度。你交朋友比较看重感觉，只要看对方比较顺眼，再加上共同语言的话，那你就会和他感情好得没话说。而且你的个性比较综合，比较容易理解每个人的态度。

C. 你是个比较低调的人，并不喜欢那种五湖四海都有着泛泛之交的交友模式，你也不会一见面就和对方打得火热，因为你是属于"慢热"型的人，需要时间来让对方慢慢深入了解外表冷漠内心似火的你。你的朋友虽然数量不多，但是每个人都称得上是推心置腹的知己。

D. 你的个性多面化，喜欢热闹，害怕寂寞，所以你的乐趣之一就是交友。不管是什么样的人，你都会很乐于去认识，所以你的朋友很多都是最初的朋友。心思简单而且乐天能侃的你人缘还不错噢，大家都蛮喜欢你这样一个"开心宝"的。

E. 你在交朋友上有着自己的一定原则，并不会滥交朋友。对方的素质、兴趣爱好都是你的考虑条件，深知"近朱者赤"的你并不想误交损友。个性比较淡漠的你坚持着君子之交淡如水的原则，所以你对所有人的感情程度差不了多少。

共进退，建立朋友之间的良性竞争

哈佛大学的竞争氛围一向十分强烈，哈佛的校友说道："哈佛很强调领导力，每个学生都富有进取心，为了目标奋力搏杀。"这让哈佛一直萦绕着浓浓的竞争味道。也正是因为在这样良性的竞争下，哈佛才到处都是精英。竞争带来压力，与此同时，也会带来强大的动力。

事实证明，人天生都有惰性，如果没有竞争就会故步自封，躺在成绩簿上睡大觉。古人云：流水不腐，户枢不蠹。有了竞争，才会进步。

下面一则寓言小故事，充分说明竞争的重要性。

一家森林公园曾环境幽静，水草丰美，这样优越的环境下养殖了几百只梅花鹿。但是，几年以后，鹿群病的病，死的死，出现了负增长。这里的环境如此优渥，而且梅花鹿在这也没有天敌，怎么会出现这种情况？公园后来买回几只狼放置在园里，在狼的追赶下，鹿群紧张地拼命狂奔。这样一来，鹿群的数量反而有所增加，甚至体质都有明显提高。

梅花鹿原本没有天敌，然而后来出现的狼便充当了梅花鹿竞争对手的角色，梅花鹿时刻保持警惕，不断奔跑，才使得鹿群不断壮大。

动物界都充满竞争，更何况是人类世界。在中学教育中，培养学生的竞争意识是每个学校都十分重视的，校园充满竞争，和谐校园呼吁良性竞争。只有创造出良性的竞争，才能培养出更多、更好的人才。

那么我们如何看待竞争呢?

我们如何看待竞争		
两种目的和动机的思考模式的异同点		
心理暗示	良性竞争：竞争=合作	恶性竞争：竞争=战争
目的	人才的合理分配	市场占领
	成长、学习、发展、创新	排除异己
动机	主要针对本质	主要针对表面
	创造真实的价值	获得回报
	为更大的目的服务	风险最小化
竞争者的观点	提升效率，创新，服务的动力	利益的争夺者
规则的角度	就像自觉遵守交通规则一样	大量地破坏规则

正确看待竞争之后，还要明白如何创建良性竞争，也成了各个学校需要迫切解决的问题之一。毫无疑问，良友之间，更容易创建良性竞争。所谓良性竞争，对于朋友来说，更多的是合作。每个人的能力有限，善于与人合作的人，才能够弥补自己能力的不足，达到独自一人完不成的目标。

朋友之间相互了解，明白对方有何长处，有何不足。与朋友共同进退，取长补短，互惠互利，让双方都能从中受益。有句话："帮助别人往上爬的人，会爬得最高。"如果你帮助别人爬上果树，那么你也会得到树上的果实。

建立良性竞争的氛围固然重要，而选择朋友进行良性竞争的建设同样重要。青少年们成长在熙熙攘攘的莘莘学子中，众多朋友中，哪些适合与你共同进退、良性竞争呢？以下三个技巧可以作为参考，帮助你与朋友早日同舟共济，共同进步。

首先，目标要能达成一致。拥有相同的目标，才能更好地发挥良性竞争的作用。

其次，选择志趣相投的朋友，有共同的爱好，在课余时间也可以一起切磋。这样，学习气氛也会更加融洽。

最后，各科成绩优劣能够互补，便于相互取长补短。

人生的每一天都在胜负中度过，一切都以竞争的形式出现。一个人没有竞争意识，必将一事无成；整个社会没有竞争意识，就决不能够前进。培养学生良好的竞争意识，才能够激发学生强烈的求知欲，让学生的才能在激烈的竞争中得到充分展示，使学生的自尊心、自信心得到不断加强。将竞争意识引入到教育教学中，是提高教育教学水平、实施素质教育的一个重要途径。

哈佛的校训为："让柏拉图与你为友，让亚里士多德与你为友，更重要的是让真理与你为友。"学术大师们都是带领学生走向真理的向导，对向导的尊敬，也就是向真理表示敬意。哈佛学生很骄傲，因为"没有美国的时候就有了哈佛"。哈佛毕业生在物质生活和精神生活两个层面上对塑造美国做出了无法估量的贡献。如果没有对真理的热爱，对学术的渴求，对教授的尊重，也就不会有今天的哈佛和今天的美国。如果没有像周恩来总理"为中华之崛起而读书"的豪情壮志和无数先辈的努力奋进，就不会有我们今天让全世界华人自豪的中国！我要求学生明确自己的学习目的，我究竟为什么而读书？说近些实现个人的人生价值，说远些最终要回报社会。而实现人生的奋斗目标最便捷的途径是要先争取受到优质的高等教育，先要在学生阶段做好我们应该做好的事情。我们套用魏书生老师的话提醒学生"中学是人生最公平的时候，省长娃不好好学，照样不及格，清华北大不轻视任何一个农民的孩子"。人一辈子要找准自己的位置，爱我们所拥有的一切，自强不息、乐观进取，以自己积极向上的乐观心态，影响周围的人。

◎哈佛心理评估：测试你的竞争意识。

按照以下题目进行选择，其中：a表示完全不同意；e表示完全同意。a、b、c、d、e依次计分标准为1、2、3、4、5分。

1. 和同等条件的人相比，你能做出比他们更大的成绩吗？（a、b、c、d、e）

2. 你积极参加能表现自己能力的任何活动，而从不谦让吗？（a、b、c、d、e）

3. 别人时刻想超过你，你相信他们有时会采用一些不正当的手段吗？（a、b、c、d、e）

4. 当你知道和你条件相当的人做出成绩时，你有不服气的感觉，并也想做点事试试吗？（a、b、c、d、e）

5. 你认为，人生就是一场竞争，适者生存，优胜劣汰吗？（a、b、c、d、e）

6. 你十分乐意选择有一定困难、意义重大的工作吗？（a、b、c、d、e）

7. 如果愿意和别人合作，其合作程度从低到高为？（a、b、c、d、e）

8. 你好像不被人接受，即使人出于好心？（a、b、c、d、e）

9. 竞争对成就的作用，从低到高为a、b、c、d、e的话，你认为哪一个最符合你？

10. 人们之间的竞争程度，从弱到强为a、b、c、d、e，你认为哪一个最符合你？

答案分析

总分大于等于45分，竞争意识强烈，愿在竞争中取得成功。

总分25～45分，竞争意识为一般。

总分低于25分，竞争意识弱。

左右逢源——哈佛大学对语言能力最高的评价

> 思考可以随心所欲，表达想法则必须谨慎小心。
>
> ——哈佛大学心理学教授 威廉·詹姆斯

　　语言是传达感情的工具，也是沟通思想的桥梁。在人际交往中，语言是十分关键的沟通工具。假如言语得体，便会获得他人的好感，赢得大多数人的喜爱；反之，则会得不到别人积极的回应，让自己陷入孤家寡人的境地。

　　哈佛教育学生，说话是一门艺术。有的人善于用语言来表达情意，说话让人感觉身心舒畅；有的人则不善于以语言来表达，总会祸从口出。所谓"一句话能把人说跳，一句话也能把人说笑"。善用语言的人，可以在与不同的人交往的时候，左右逢源，应对自如。要想在人际交往中应对自如，就应该懂得说话的艺术。因此，在人际交往中，要认认真真地包装自己的语言，像包装自己一样，将它打扮得有气质。

　　说话是一个很简单的行为，但说话却也是一个复杂的艺术，说什么、怎么说，考验着每一个人的说话技巧。

　　那么怎么把语言装扮得有气质，与人交往沟通时又需要注意哪些技巧呢？

培养说话的艺术，下面这些方法可以一试。

一、言之有物。

哈佛叮嘱学生："记住，别人会从你所说的每一个字，来了解你所知的多寡。"与人交往时，话语是最能表现一个人思想与感受的工具；与人相处时，话语也是最能影响人心情的重要因素。纵使有"三寸不烂之舌"，也应该掌握这样一个原则，那就是，说话一定要言之有物。

人们经常会听到这样一个词——文如其人，它的意思是说，文章的风格往往会和写文章的作者有类似之处，文章所反映的往往就是作者本人的思想、立场和世界观。同样，也可以说是人如其言，通过每个人张嘴说出来的话，就能大致了解他的知识面、喜好、说话方式，甚至是思想。那么，怎样才能做到"言之有物"呢？那就是增加自身内涵与修养，而增加涵养最简单的办法就是读书，增长知识与见识。

二、适当赞美。

赞美是一种认可，是良好沟通的开始。生活中，人人都需要赞美来获得别人的肯定。充满真诚的赞美，是取得他人信任的有效方式。赞美别人，并不会贬低自己，相反会抬高自己。

歌德说："赞美别人就是把自己放在同他人一样的水平上。"适当的赞美是人际交往中不可缺少的语言艺术。但是，古语有云："誉人之言不可太滥"，过分赞美就显得虚伪。

有人或许会说，找不到什么可以赞美的地方。其实，每个人的存在都有其独特的存在价值和意义，生活中我们往往过多注意别人的不足，而忽略他人的优点。多关注别人的优点，自然有可赞之处。为了自己拥有更和谐的生活，要学会适当地赞美！

三、保持微笑。

微笑能拉近人与人之间的距离，戴尔·卡耐基曾经说过，微笑是在向他人表明"我喜欢你，你使我快乐，我非常高兴见到你"的意思。在与人沟通的时候，让他人产生这样的感觉，那么接下来的谈话就会进行得很愉快。

218

四、注意场合与对象。

说话要注意场合和对象，这一点很多人都掌握不好。如果你要讲的内容是喜庆的，那么你肯定不能在葬礼上说这些话；如果你说的话是要批评一个人，那就尽量不要在大庭广众之下进行；如果别人正在悲伤，那么你肯定不能跟他讲自己开心的事情；如果你面对的是一个老人，肯定不能说太多时髦的网络词语。

因此，说话的时候，要看场合，要分对象，选择适合的内容，在适合的场合下进行适合的沟通，这样才能达到最好的沟通交流效果。

五、话留三分。

哈佛教育学生尊重别人，谈话的时候注意话到嘴边留三分。

生活中，有的人说话口无遮拦，所谓"良言一句三冬暖，恶语伤人六月寒"。话在出口的一刹那，便无法再收回了。所以，说话之前要先想一想，怎样讲才能让人听着舒心，更容易接受。说话前，换位思考一下，怎样的话说出来能完美地实现自己的目的？同样的一句话，不同的说法，给人的是不同的感受。这就是语言的力量，这更是思考的力量。

六、适当沉默。

有时候，此时无声胜有声，在某些时候，适当的沉默能留给人更多的思考空间，说话点到为止，给说话人与听话人留一定的想象空间，这也是语言的另一种魅力。同时，沉默有时候也能为人保留更多修改的机会，也给朋友留下尊严。

以上讲述的只是与人交谈的基本原则，看似简单，却不能不重视，否则"失言"可能就会"失友"。说话要言之有物，更要言之有方。什么该说，什么不该说，该怎样去说，都是需要青少年朋友们好好学习和把握的。

中国有句老话——"好马出在腿上，好人出在嘴上"。这里的"嘴"指的不是吃饭的"嘴"，而是说话的"嘴"。即：要想成为一个受欢迎的人得会说话、有口才。的确，说话人人都能，但能说不等于会说，有人"口吐莲花，字字珠玑"，有人"巧舌如簧，而听者寥寥"，更多的人却是"茶壶煮饺子，有话倒不出来"。境界有高下，效果也就有霄壤之别。好在口才不仅是天分，不全靠遗传，任何人都可以"先天不足后天补"。

不论何时，说话要用脑子，敏事慎言，话多无益，嘴只是一件扬声器而已，平时一定要注意监督、控制好调频音控开关，否则会给自己带来许多麻烦。讲话不要只顾一时痛快、信口开河，以为人家给你笑脸就是欣赏，没完没了把掏心窝子的话都讲出来，结果让人家彻底摸清了家底，还偷着笑你。

除此之外，遇事不要急于下结论，即便有了答案也要等等，也许有更好的解决方式，站在不同的角度就有不同答案，要学会换位思考，特别是在遇到麻烦的时候，千万要学会等一等、靠一靠，很多时候不但麻烦化解了，也能给自己带来更多朋友，更多成功的机会。

◎哈佛心理评估：测试你是否会说话。

测试问题

1. 当你不是话题的中心人物、不是众人关注的焦点时，你会不由自主地走神吗？

    A. 是的　　　　　　　B. 有时　　　　　　　C. 不是

2. 当有人试图与你交谈或对你讲解一些与你关系不大的事情时，你是否时常觉得很难聚精会神地听下去。

    A. 强烈肯定　　　　　B. 有时　　　　　　　C. 绝对否定

3. 一个在火车上刚认识的朋友详细地向你讲述他从恋爱到失恋的全过程，并期待你的回应。对此你会如何反应？

    A. 极不情愿，觉得不舒服

    B. 无动于衷

    C. 很乐意倾听并积极开导

4. 你是否觉得需要一个人静静的才能清醒和整理好思路？

    A. 是的　　　　　　　B. 有时　　　　　　　C. 不是

5. 你是否很难放松警惕，向他人倾吐自己的心事，除非他是你多年相交的朋友？

    A. 强烈肯定　　　　　B. 有时　　　　　　　C. 绝对否定

220

6. 你往往和哪种人最容易相处？

    A．难放松警惕的各种人

    B．难放松警惕和已经了解的人

    C．难放松警惕和相处很久的人，但往往感到很困难

7. 你是否会刻意避免表达自己的感受，因为你认为说了别人也不会理解。

    A．是的   B．有时   C．不是

8. 你是否认为轻易流露心情和感受的人是没有内涵的人？

    A．是的   B．有时   C．不是

9. 你是否总在人群中的气氛达到高潮时反而有一种强烈的失落感？

    A．经常如此   B．有时   C．从未有过

评分标准：选A为1分，选B为2分，选C为3分。

答案分析

22～27分：不太会说话。你没有掌握说话的艺术，所以也就不太会说话，或者你本来就有语言排斥的倾向。这表示你只有在极其需要和别人沟通的情况下才同别人交谈，或者你与对方有强烈的志同道合的感受，都觉得相见恨晚。通常你不会通过语言的形式去发展友谊，除非对方愿意主动频频跟你接触，否则你便总处于孤独的个人世界里，并有些自闭倾向。

15～21分：跟熟悉的人很能说话。你是个外冷内热的人，其实交谈也是你的强项，只是你不会轻易显露。你大概比较热衷跟别人做朋友，如果你与对方不太熟识，你开始会很内向，不太愿意跟对方交谈。但时间久了，你便乐意常常搭话，彼此谈得来。

9～14分：非常会说话。 你是一个非常会"说话"的人，也非常懂得交际，能够营造一种热烈气氛，鼓励人家多开口，让别人觉得同你谈得来，彼此十分投缘。像你这种能把死人说活的人，是非常讨人喜欢的，并知道什么时候该说，什么时候不该说。

真诚交流，朋友是你一生的财富

哈佛大学商学院曾经进行过一项调查，发现在那些事业有成就的人中，靠亲属关系成功的占5%，靠工作能力成功的占26%，而剩余69%则是靠良好的人际关系取得成功的。由此可见，通过真诚的交友态度与人建立良好的关系对一个人事业成功的重要性。

哈佛大学的吉威特教授认为：每一个伟大的成功者背后都有另外的成功者。没有人是自己一个人达到事业顶峰的。一个人的力量总是有限的，但一个人的人际网络却可以无限地宽广。善于利用这种无穷无尽的力量，你前进的道路将会更加畅通。

哈佛大学弗尔帕斯教授说："人们总需要的，是一种作为人所应享有的关注。"而在这种关注之中，真诚是最为重要的。因为只有真诚才能使一切变得具有吸引力。

罗曼·罗兰说："友谊是毕生难觅的一笔珍贵财富。"人人都想要得到这笔"财富"，而要真正得到它，至少需要付出一片真心。建立良好的人脉，结交朋友，最重要的是真诚。没有人会拒绝真心诚意的交流，只有真诚的交流才能获得真正的友谊，才会使得朋友成为一生的财富。

　　黄蜂与蝴蝶口渴了，它们不约而同地去找附近葡萄园的一位农夫要水喝。并且，以帮助农夫为由，还许诺会给农夫丰厚的回报。

　　黄蜂说："我可以替你看守葡萄园，如果有人来偷葡萄，我就用我的毒针去对付他。"

　　蝴蝶说："我会替你传播花粉，帮你带来优良的葡萄花粉，保证让你的葡萄长得更大更好。"

　　农夫听了却说："可是，我只想知道，如果你们不口渴，还会想来为我做这些事情吗？"

　　这个寓言讽刺的就是那些平时不注意与人为善、与人方便，等到有求于人时才去向人献殷勤的人。

　　只有用真诚的态度去与人交往，才有可能得到真正的朋友。如果只在有求于人时去找朋友，那么你将可能找不到真正的朋友。那么，如何真诚地与人沟通，真正地获得朋友这笔财富呢？

　　第一，互相尊重。

　　人人都有自尊心，你只有尊重别人，别人才会尊重你。与人交往时，尊重是最起码的礼貌。哈佛教育学生，如果不懂得尊重他人，你就无法与人进行沟通合作，因为你已经失去了与人沟通合作的基础。事实也是如此，一个人如果不能尊重身边人，那么也不会得到别人的尊重；如果懂得尊重，那么他就将赢得更多的友谊，也可能迎来更多成功的机会。尊重是相互的，赠人以微笑，别人便会回以微笑；给人冷嘲，别人也会回以热讽。

　　第二，待人友善。

　　人与人之间的交往是平等的，与其他任何因素都没有关系。如果一个人能友善地对待他人，那么他也必将收获友善的回报。友善是所有人的天性，它会让人感受到温暖，人们应该将这份天性尽情地发挥出来，通过它来使自己与其他人之间的关系变得更加紧密。

第三，积极沟通。

经常沟通会让朋友之间对彼此更加了解，同时也会使彼此的感情更加深厚。沟通的过程就是交往的过程，而要想与朋友建立关系，最基本的原则就是要主动与朋友进行沟通。无论现在的生活节奏多快，生活和学习多么忙碌，都不应该成为朋友间逐渐冷漠的理由。

德国前总理赫尔穆特·科尔就是一个非常善于与朋友沟通的人。他的沟通方法中最富有人情味的一种，就是经常去朋友家坐坐。自然，他逐渐为自己建立起了一个良好的人际关系圈，这也为他驰骋德国政坛十几年提供了巨大帮助。

第四，宽容待人。

和朋友在一起相处，需要尽量宽容一些。在任何时候，都要给对方留有余地，这样既保全了对方的尊严，同时也能保全双方的友情。朋友之间，应该尽量多赞美鼓励，少讽刺批评。宽以待人，会给人大方得体的感觉，这不仅是维护老朋友的秘诀，同时，也是吸引新朋友的良策。

新东方演讲中，曾这样提到："一些同学曾说，他们去哈佛就是为了交朋友。他们在这里要交够400个朋友。这些人，将是一辈子的好朋友，他们将影响你的思想、你的价值判断，成为你的合作伙伴或得力助手！"那怎么交呢？每年哈佛新生900多人，还可结交不同院系专业的同学，另外哈佛有73个协会，参加学术协会、运动协会也是丰富生活、融入校园、结交朋友的好方法。

一个人成功与否，和他身边的朋友有着直接关系。从今天开始，走出去拥抱你的朋友，诚恳地面对你的朋友，热心地去认识新的朋友。用三年时间，让自己变成一个善于社交的人，提前为自己的成功打好人脉基础。

哈佛心理评估：测试你对朋友的真诚度。

假如今天你和朋友一同出游，却意外地收到一束漂亮的花朵，回家之后你将会把它放在哪里呢？

    A．铺着花格子桌巾的餐桌上

    B．干净的洗手间

    C．洒满阳光的窗台边

    D．门口玄关处

答案分析

    A．对待朋友的坦率指数99%。今天的你心情很High，甚至High到有点过于天真，就像桌巾一样，毫不保留地将自己赤裸裸地摊在朋友面前，完全没有隐藏地真诚待人。对于朋友口中的话深信不疑，有什么提议也会立刻赞同，不想先用大脑过滤一下，甚至会被一些七嘴八舌的意见搞得头昏脑涨的。提醒你，对那些可能会使坏的人，可要多加提防才是。

    B．对待朋友的坦率指数20%。小滑头可是你今天的最佳写照喔！洗手间向来是较为私密的空间，也是整个家中最不明显的角落。会选择放在洗手间的你，意味着此时此刻只想将所有的心事隐藏起来，一点也不想让人看出，而洗手间的小灯也只会在使用时才打开，这就表示你只想独享一些私人感受。防人的敌意有增无减，活像个小刺猬，记得可别辜负朋友们的一番好意。

    C．对待朋友的坦率指数80%。和煦的阳光，透过窗户的玻璃射向屋内的每一处，窗台边正好是屋内日照最佳的地方。象征着你积极开朗、坦率纯真的一面，这样的动机当然也会直接反射在你和朋友之间的相处，所以今天的你，绝对不会无聊到想要耍心机，使心眼，你散发的和善气氛也将会带动周遭的朋友，对你友好示意。

    D．对待朋友的坦率指数60%。玄关向来是一个家中对外的最大出口，是进门看到的第一个地方，也是我们欢迎朋友的入口，有着非常浓厚的社交意味。选择门口，其实就是说明了今天的你，擅长交际，虽然表面上看来亲切友善，不过内心想法可不太踏实，社交敷衍的言词居多，真心话却少得可怜。你有权选择你想说的话，但是小心别被朋友轻易识破你的不诚恳。

第十章

考试这回事儿

进入哈佛的条件不是分数

高分数只能说明你有较高的智商，但是仅靠高分数是远远不够的。今天各行各业的领导人士，其实很多人的分数并不理想。

——美国时代华纳公司董事长 理查德·芝罗

在哈佛，分数并不是代表成功的唯一标准。想要进入哈佛，并不是像传统高考一样，考一个高分，学校就可以无条件录取你。哈佛与学生之间的选择是双向的，校方不会只给予学生进入哈佛的机会，还要考虑学生能为哈佛贡献什么。想要进入哈佛，要经过一系列的程序，而下面这些程序中，分数只是占了很少的一部分。

托福成绩（TOEFL）

托福是由美国教育测验服务社（ETS）举办的英语能力考试，旨在消除校园语言交流的一些障碍，这项英语考试非常重要，是考哈佛大学的第一关。英语不仅仅要达到课本要求的水准，还要另加努力，要达到一定标准，保证沟通畅通无碍。

学校成绩（GPA）

关于学校成绩，对于高中生申请哈佛大学来说，作用十分有限。在校成绩只是作为一个参考而已。

社交与领导能力

前面的章节着重强调过，哈佛大学十分重视学生的社交能力和领导能力。而这些可以通过课外活动来体现，哈佛把学生课外活动的表现作为入学评价的标准之一。不仅仅是哈佛，国外其他一些名牌大学也十分重视这一点，竞相录取课外活动表现突出的学生，有的甚至将考生课外活动表现作为总评分的25%。

而这一点，其实是看学生的适应能力以及对社会的责任感和爱心认知，并考验学生是否在社会活动中表现出色。这样不仅可以反映一个人的人品，还是一个人是否可以为学校做出贡献的证明。

个人艺术或者体育特长

不仅仅是哈佛，国内的大学也会招收特长生。不管是艺术方面的特长，还是体育方面的专项，都可以通过自己的艺术作品和各项比赛成果来体现。哈佛大学申请人的特长是非常受学校关注和欢迎的，有时可以在评审录取时进行特殊考虑。

推荐信与校方评价

推荐信对于申请哈佛的学生来说十分重要，因为这是别人对自己比较客观和真实的评价，也是学生人际交往能力的一种体现。一些留学咨询专家认为，如果能够找到说话比较有分量的名人写推荐信，那么推荐信的作用将大大增加，甚至会起到一锤定音的效果。一个人再自我夸耀，也不及外界的一句评价。校方评价也很重要，这能体现出申请人在校表现是否优秀。

面试

似乎在传统的观念中，面试这个词语只出现在职场。但是，出国上学一般都需要面试，这不仅仅是考验一个学生的知识与修养，还是对学生现场应变能力和心理素质的考验。面试是学生在进入哈佛之前，与哈佛大学的第一次面对面。所以，面试的状态和评价对于进入哈佛大学的重要性可想而知。美国时代华纳公司的董事长理查德·芝罗有句话："高分数只能说明你有较高的智商，但是仅靠高分数是远远不够的。今天各行各业的领导人士，其实很多人分数并不理想。"

想要成为一名合格的哈佛学生，不仅仅要分数，还必须拥有哈佛学生的特质，积极向上、永不言弃、充满热情、善于合作、富有创新精神等。

面对考试，哈佛的学生都遵循着以下信条，只要在平时做好这些，考试就是小菜一碟。

因此，从现在开始，你就可以按照以下标准要求自己。

1. 发现自己的特长。不做全面的"庸才"，在自己擅长的科目上深钻，让自己的强项变成一项能够为自己加分的技能。

2. 不做"瘸腿儿"的偏才。对于学得不太好的科目，不能轻易放弃，应该多和老师交流，越是不擅长的事情，越要努力去做，要明白，决定你成绩的不是你擅长的科目，而是你不擅长的科目。

3. 多问问题，随时随地都思考问题，讨论问题，让思考成为你的习惯，让自己变成老师的"鬼见愁"，只有摆脱这些困扰你的问题，才有可能继续前进。

4. 和同学们多交流，永远不要一个人学习，共同进步才是能够让你最快达到目的的方法。

因此，不要觉得分数决定一切，或者分数对你不公平，只要你用优秀的标准要求自己，你就是能够进入哈佛的最优秀的高中生。

◎哈佛心理评估：下面一道哈佛面试题，试试看你能否答出来。

你有一桶果冻，其中有黄色、绿色、红色三种，闭上眼睛抓取同种颜色的两个。抓取多少个就可以确定你肯定有两个同一颜色的果冻？

答案
4个。

合理运用时间——高考时间规划表

> 珍惜眼前的每一分每一秒，也就珍惜了所拥有的今天。
>
> ——哈佛"刻"在教室里的话

虽然高考只是人生小场面，但是注定要经历高考的高中学子们，对此也不能不重视。而面对高考，合理运用时间是十分重要的。

在哈佛人的眼中最重要的是时间，每一个哈佛人都知道时间是唯一不能浪费的东西。比起失去任何东西，失去时间是最痛苦的，因为每一寸光阴都注定无法倒流。时间虽然是无穷无尽的，但是我们的生命却短暂，所以，我们要努力抓住每一分、每一秒。在有生之年，我们要充分利用有限的时间，做出无限的可能，让自己不枉此生。

时间存在的意义是为了让我们实现梦想，处于花样年华的高中生，三年的时间如白驹过隙，转瞬即逝。我们更需要合理运用这珍贵的光阴，努力提高自己。为高考做一个时间规划表，对于即将要参与高考的同学们来说至关重要，时间规划合理，并且根据合理的时间规划执行，对学习的迅速提高有着巨大帮助。

高考时间规划，最明显体现在高三总复习阶段。进入高三，高考的气氛已经开始深入到每个学生的内心。高考时间规划，可以说是高三复习备考时间规划。下面是一张根据阶段性特点制定的高考时间规划表，可以供广大学生们参考。

时间节点	复习阶段	重点目标	持续时间
8—9月	第一轮：梳理学习思路	回顾高中所学知识，自己学过什么，学到了什么，要做到心中有数。	60天
10月	第一轮：梳理知识点和知识体系（一）	梳理所有知识点，按照确定的学习思路进行落实。	30天
11—12月	（自主招生）有意参加自主招生的同学，需要做好准备	高三第一学期即将结束，整理好知识结构。	60天
1月	第一轮：梳理知识点和知识体系（二）	根据自身情况，完成自己知识体系的梳理。	30天
2月	第一轮：高考压轴题	巩固基本复习成果的基础上，提升复习难度。	30天
3—4月	高考一模		
	第二轮：强化训练	熟悉经典的解题方法，举一反三。	60天
5月	高考二模		
	第三轮：调整训练	全面修正易错题，找高考的感觉。	30天
6月	高考	保持平常心，积极备考。	

以上是较为笼统的时间规划表，下面是具体到每天的时刻规划，各位同学也可以作为参考。

一、8点到9点。早晨的这一个小时里面，大脑相对比较清醒灵活，这段时间可以适当做一些记忆性的学习。比如：背诵英语单词、语文诗词等。

二、9点到11点。这个时间段的思维比较清晰，可以做一些思维型比较强的学习。比如：数学、理科综合等。

三、12点到14点。用餐、休息。身体是革命本钱，学习不能废寝忘食，一定要注意劳逸结合。

四、14点到16点。这个时间段理解分析能力比较强，可以做一些分析的题目。比如：阅读理解、诗词鉴赏等。

五、19点到21点。晚上是纠错时间，可以把易错题进行统一的汇总，并且作为重点解决对象，一一攻破。

六、21点到22点。归纳时间，梳理一天的学习情况，为第二天的努力做准备。

以上时刻规划表是根据健康的时间运用进行规划，校园中的同学们可以根据自身的情况和习惯进行调整。

哈佛学子们在日常的生活和学习中，非常讲究时间的有效利用。哈佛人认为，时间本身没有价值，但是充分珍惜和把握时间就变得价值连城。那么我们如何珍惜时间，把握每一寸光阴呢？

首先，养成制定计划的习惯。事情太多会让人手足无措，不知道从何开始。这时，时间就已经被浪费了。在学习和生活中，必须要养成制定计划的习惯，以此提高时间的利用率。

其次，今日事，今日毕。养成做任何事都不拖延的好习惯，提前制定好学习计划，按照计划上的时间，快速高效地完成任务。

最后，时间均匀。一件事情不要花太多时间和精力去做，如果把时间都用在一件事情上面，那么势必耽误其他事情的同步进行。在学习中，所有的科目都要照顾到；在生活上，所有的方面都要同时进行，不能顾此失彼。

◎哈佛心理评估：测测你的时间观念。

　　放学回家，你发现自己家的窗户被人砸破了，室内乱成一团，看来是被小偷光顾了。于是你马上打电话报警。那么在等待警察到来这段时间，你会做些什么事情呢？

　　1. 在等待的同时检查家里丢了什么东西没有。

　　2. 先不管丢没丢东西，想办法让自己冷静下来再说

　　3. 在屋里来回走动，焦急地等待警察到来

答案分析

　　选择1：你的时间感较强，能够很好地利用时间。不过，你的理性思维太强，通常只相信时钟上的时间，而不相信自己的生理时钟，因此时间在你看来是非常单调的东西。

　　选择2：你十分重视自己的生理时钟，是属于天生对时间知觉相当敏锐的人。在你看来，时钟是可有可无的东西，因为你不用看表也能够知道大概的时间，而且每天早晨不用闹钟就可以准时起床。

　　选择3：你的时间感要根据不同的情况而定，因为环境因素或者心理因素都会影响你对时间的知觉。比如同样是一个小时，在做自己喜欢的事情时，会过得很快，而在做自己不喜欢的事情时，会过得很慢。

不要错过，高考是场难忘的人生体验

> 要体验人生，就要把握现实，相信现实。
>
> ——拉蒂特

人生的旅游中，可以有两种方式走过。第一种是以到达目的地为最主要的宗旨，一心想着目的地的美景，而忽略整个旅途过程中的山山水水；另一种是从上路起就开始体会，一边走一边享受着旅途过程中的奇花异石，一路上收获不少惊喜。

而高考，和这人生旅途一样，高考结果固然重要，但是高考这场人生经历与体验更加重要。高考是人生难得的体验场，我们要带着一种体验的心态来面对这场考试。即使高考失利，也一样会多一份值得汲取的人生经历。如果错过，岂不可惜。

有人说，没经历过高考的人生是不完整的人生。那么，参与高考有什么意义呢？

一、提高竞争意识。

哈佛大学图书馆墙上书写着这样一句格言：就在此时，你的竞争对手正在不停地翻动书页。事实正是如此，在追求梦想的途中充满了竞争。只有提高竞争意识，积极进取，才能在这个到处充满竞争的时代里，找到一席之地。

毫无疑问，高考是千万人的竞争，可以充分培养和提高学生的竞争意识。竞争使人进步，让人时刻充满着能量。同时，它时刻提醒着学生，有无数的强劲对手在一起努力着，要想不被别人甩在后面，就不得不努力奋进。这种不服输的劲头，让人永不气馁。

二、激发奋斗的雄心。

高考是学生第一次面对的重大选择和考验，面对高考，考生会激动、紧张，因为高考是一次改变人生的机会。多年以来，家长和老师都反复劝告和教导，好好学习，考上一所好大学对自己来说意味着什么。在如此巨大的考验面前，学生们会承受着巨大的压力，而压力产生动力，在面对人生转折的时候，或许还会有些兴奋。而无论是紧张还是兴奋，都会让学生努力奋斗，鼓起勇气迈进高考的考场，为自己的未来奋力一搏。只要竭尽全力奋斗过，高考的经历，本身就已经是一种精彩。

三、磨炼心理素质。

哈佛在教育广大学子的时候总结出一个道理：心态决定成败。良好的心理素质，是决定一个人成功的基本保证。高考虽然不是人生的全部，但高考会让学生第一次感觉到命运掌握在自己手中，第一次尝尽酸甜苦辣。面对如此大的压力和负担，学生的心理承受能力受到严峻考验。如果经受得住考验，则心理素质得到了充分的磨炼，之后人生之路上的风风雨雨，将不再对自己造成太大威胁。

四、反思远比高考本身更有意义。

在面对高考的时候，也是一次探寻内心的时刻。自己是什么样的人，以后想要成为什么样的人？通过什么方法会成为自己想要成为的人？深入心灵深处，去探寻自己内心最真的"答案"，以后的人生之路，会走得更加舒心自然、心安理得。

《哈佛女孩刘亦婷》一书中提到：国内高考不可错过。这是一个难得的人生体验，不同的人可以从这场特别的人生体验中收到不同的收获。所以，各位同学，高考不可怕，也值得经历。希望大家能够调整好心态，积极面对这一场全世界绝无仅有的盛宴。

◎哈佛心理评估：测试你的社会适应能力。

此项测试有20道题，每题有5个备选答案，每题只能选一个答案。请在10分钟之内完成。A与自己的情况完全相符；B与自己的情况基本相符；C难以回答；D不太符合自己的情况；E完全不符合自己的情况。

1. 在许多不认识的人面前公开出现，我总是感到脸红、心跳。

2. 能和大家相处融洽对我是很重要的，为此我经常放弃真实的想法，以便与多数人保持一致。

3. 只要检查身体，我的心脏总是跳得很快，可我在日常生活中并不总是这样。

4. 哪怕是在环境很热闹的大街上，我也能全神贯注地看书、学习。

5. 参加某些竞赛活动时，周围的人越热情我就越紧张。

6. 越是重大考试成绩越好，比如升学考试成绩就比平时高许多。

7. 如果让我在没有别人打扰的空房子里进行一项很重要的工作，那我的工作成效一定很好。

8. 不管面临多么紧张的情形，我都能毫不紧张、自如应对。

9. 哪怕是已经倒背如流的公式，老师提问时也会忘掉。

10. 在大会发言时，我总会赢得最多的掌声。

11. 在与他人讨论问题时，我经常不能及时找到反击的语句。

12. 我很愿意和刚见面的人很随意地聊天、说笑。

13. 如果家中来了客人，只要不是找我的，我总是想法避开，不与之打招呼。

14. 即使在深夜，我也从不怕一个人走山路。

15. 我一直喜欢自己完成学习任务，不愿与人合作。

16．我可以没有任何不满和抱怨地通宵学习，只要需要。

17．我对季节变化比别人敏感，总是冬怕冷夏怕热。

18．在任何公开发言的场合，我都能很好地发挥。

19．每当自己的生活环境发生变化，我总是感到身体不适，闹些小病，如发热、咳嗽等。

20．到一个新的环境学习、生活时，周围再大的变化对我也不会有影响。

评定标准

题号为单数的题目计分方法为：A计1分，B计2分，C计3分，D计4分，E计5分。

题号为双数的题目计分方法为：A计5分，B计4分，C计3分，D计2分，E计1分。

答案分析

20～51分：你的社会适应能力很差，不太适应现在的生活节奏和周围环境的变化，对于改变你总是充满恐慌，缺乏主动适应环境的积极性。

52～68分：你的适应能力一般，还有待提高，你完全有能力以更高的热情、更积极的态度主动适应身边的人和事。

69～100分。你有很强的适应能力，无论是自然界的变化，还是地域、环境的变迁，你都能自如应对。

正确地自我评估，不让自己走错人生路

　　每个人都有属于自己的梦想，但不是每个人都能够实现梦想。在追求梦想的路上，有人进入迷乱的森林不知该去往何处，有的人艰难地爬到半山腰却半途而废，有的人走到了路的尽头却发现是条死路……那么在茫茫人生路上，如何才能让自己的梦想实现呢？

　　研究表明，人们之所以会一事无成或者自暴自弃，很大一部分原因是因为对自己没有清醒的认识。很多人不知道自己擅长什么，不知道自己想要什么。在追求梦想和成功的路上，有的人一开始就选错了路。

　　如果方向错了，那么前进不如停止，走错了人生路，等于在倒退。不管你在做什么，以后想要做什么，首先都要对自己有一个清晰的认识。不要人云亦云、人往亦往，不要在他人的议论中迷失了自己。所以说，如果你想要真正地走向成功，就必须对自己有一个全面而正确的评估。

哈佛大学的心理学教授曾给学生讲过这样一个故事：

在公园里，各种各样的花草树木缤纷亮相，其中有苹果树、梧桐树、橡树，还有玫瑰花、郁金香和栀子花，让整个公园生机盎然、花果飘香。

然而，却有一颗小树苗，总是郁郁寡欢。它不知道自己是谁，以后要成为什么。看着大树参天它很羡慕，看着果实累累它很憧憬，看着花儿绽放它也想怒放。再加上，公园里其他植物你一言，我一语地向它推荐，更加让小树苗困惑了。

苹果树对他说："你如果像我一样努力生长，就一定会结出美味的苹果来，你看看我，结出了这么多苹果，人们多喜欢我啊！"

听了苹果树的话，小树苗似乎有了方向，可是慢慢地它发现，自己已经够努力了，可是却不能像苹果树一样结出果实。

这时候，玫瑰花对它说："你别听苹果树的，要长出苹果来多不容易啊！你看看我，开出玫瑰花来才好呢！我虽然没有果实，可是我的花朵这么漂亮，人们更加喜欢我呢！"

小树苗又改变方向，希望自己也像玫瑰一样，开出绚烂无比的花朵。但是，它越是想这样，就越觉得力不从心。

有一天，一只鸟飞到了公园中，落在了小树苗上，它看着小树苗闷闷不乐，便询问它不开心的缘由。

小树苗把自己的苦恼告诉了小鸟，小鸟听了之后说："其实，你应该对自己进行一个全面而正确的认识，不要总想着模仿别人，也不要总活在别人的期许中。每个人都有不一样的人生之路，你要明确自己真正擅长的是什么，真正想要的又是什么，这样你才能健康地成长，走出自己的一片天，长出自己想要的样子。"

小鸟的话让小树苗豁然开朗。它敞开自己的心扉，细细审视自己，认真思考自己的特点和内心最真实的追求。终于明白自己是一棵不会结出果实，也不会绽放花朵的树木，它所能做的是努力成长，为人们撑开一片绿荫。很快，它就长成了一棵挺拔的大树，每一个乘凉的人都对它青睐有加。

哈佛心理学教授借这一故事是为了告诉我们，不要迷失自己，也不要对自己有错误的判断。在开始奋斗之前，一定要对自己先有一个正确而全面的评估，以后的人生路才会走得顺畅而快乐。

一位哈佛大学毕业生说过一段非常经典的话："如果我不知道自己到底想要什么，就不知道自己该去追求什么。如果我不知道该去追求什么，那么，我就不得不傻傻地等着、盼着，靠生活的残羹冷炙过活。"

无论是学习上还是生活中，所有的重大决定都需要深思熟虑。要收获自己的别样人生，就需要走自己正确的道路，并且毫不妥协地去追寻。

尤其是激情高涨、雄心勃勃的青少年朋友们，你们的梦想如此美好，你们对未来、对生活充满了憧憬。那么，怎样才能明确自己究竟想要什么，走好自己正确的人生之路呢？

首先，要根据自己的实际情况来确定自己的理想。

根据自己的兴趣爱好与特长，找到理想与兴趣爱好的结合点，扬长避短，树立正确的人生目标。如果你思维逻辑缜密，可以考虑往数学方面发展；如果你喜欢音乐就试着报个音乐学院；如果你喜欢美术，就试着去关注美术专业；如果你擅长演讲，就可以往培训师方向发展。而自己的人生目标是否正确，要符合以下两个特性。

第一，明确性。"明确性"是正确的目标非常突出的特点。一些青少年之所以没有成功，主要原因就是他们对自己的行动目标不明确。只有目标明确才能信念坚定，这样才能够朝着理想目标前行。

第二，现实性。不现实的目标，就如海市蜃楼一样缥缈虚无。太多青少年把目标停留在梦幻中，常常忽略了目标的现实性。在为自己设定目标的时候，一定要脚踏实地，不要异想天开。

其次，向着理想勇敢前进。

经过自己的全面评估和深思熟虑，在确定了理想和目标之后，就要拿出足够的决心和百分百的努力，勇敢地向着理想去拼搏、去奋斗！否则，理想也不过是妄想。

最后，要正确认识挫折。

在为理想而奋斗的路上，在实现理想的过程中，挫折是无可避免的。在遭遇挫折的时候，一定要正确认识挫折，不要因为感到困难而怀疑自己的目标。这个世界上，没有什么是一蹴而就的。任何时候，都不能因为挫折而放弃自己的梦想。只要我们相信，自己的路没有走错，那就一如既往地勇往直前吧。

◎哈佛心理评估：你对未来有一个正确的目标吗？

走在路上，你听到有钥匙遗落在地上，你觉得是：

A．一大串钥匙

B．两三把钥匙

C．只有一把钥匙

答案分析

A．你对未来有无限的憧憬，对于生活，你认为就像一扇正要打开的窗子，有诸多可供想象的可能，但有时未免显得好高骛远，你应当按部就班地去着手实现目标。

B．你眼前正面临岔路口，有一个以上的目标，正在徘徊彷徨，不知该先朝哪一条路迈进，建议你多听听前辈的意见再做决定。

C．你是个未来方向十分明确的有志之士，既然决定了目标，就勇往直前吧！

经历高考，人生依旧如此美好

> 生命是美好的，一切物质是美好的，智慧是美好的，爱是美好的！
>
> ——法国著名作家、诺贝尔文学奖金获得者　罗歇·马丁·杜伽尔

高考，在我国已走过三十余年风雨，这个人才选拔的机制，有利有弊。有人说高考是"鲤鱼跃龙门"，也有人说高考是"千军万马过独木桥"。而随着社会发展，随着经济、教育、文化的领域变迁，高考已经不再是往日的"龙门"，也不再是通向成功之路的"独木桥"。

当然，一些传统观念的思想还是存在。高考落幕之后，往往几家欢喜几家愁。高考顺利，自然万事大吉，高考结束后的长假便每天都充满阳光，学子们可以在阳光中感受生活的美好。而对于有的考生来说，可能一分之差便与渴望的大学失之交臂。"高考失利，出路在哪里？""考不上心仪的大学，该何去何从？""错过了这次机会，未来又在哪里？"……这些消极的情绪，这些烦恼与迷茫充斥着高考结束之后的整个暑假。而甚至于，有的高考落榜生，往往以分数"否定自我"，否定自己未来的前途，以及自己以后的人生。

担任哈佛大学校长20年之久的美国著名教育家科南特曾经说过，哈佛学子的成功，正是哈佛素质教育的结晶，而不是应试教育。只要你愿意坚持不懈地追求真理，那么一样可以打造卓越人生。

其实，一次的高考失利，并不意味着你就是个失败者。考试成绩不好，只能证明你能力的一部分不足而已，而人的成功需要的是综合能力。比如以前的章节提到的沟通能力、发现问题和解决问题的能力、克服困难的能力等，好好培养这些无人替代的才能，你同样可以通往成功。并且，上学成才的机会不仅仅是高考。不放弃，不灰心，那么一定可以活出与众不同的人生。

对于家长和考生们来说，何必这样纠结于一次改变的机会。与其苦苦挣扎在高考失利的痛苦中，还不如放远眼光，寻求高考之后的另外出路，为自己的未来争取更多的机会。

没有如愿取得高考成绩的学子们，可以参考下面的建议，为自己开辟另外的成才之路：

一、复读

如果考生还是想通过高考来走上大学之路，这样的想法也未尝不可。复读是一个普遍的选择。通过复读来提高成绩，第二年高考重新来过，也不失为一个提高自己的方法。第一年高考失利，但是第二年顺利考上心仪的学校的例子也不在少数。不过，复读是条有风险的路，不仅仅要付出一年的时间，有时候也会给自己带来过大的压力。所以，要慎重选择。

二、就业

高考失利之后直接就业，可以较早地接触社会，体验人生百态。等到同龄人大学毕业的时候，你已经拥有了三四年的工作经验。虽然学历上比不上高校毕业生，但是工作经验往往比学历更加有说服力。

三、其他途径读大学

上大学的途径不仅仅是高考，就算高考成绩不理想，学子们也可以通过自学考试、成人教育、民办大学、职业教育等途径实现自己的大学梦。这些学校对于学生的分数要求不是特别高，门槛较低。但是这些学校的专业性比较强，毕业的学生大多都有一技之长。而随着国家经济的飞速发展，市场急需大量专业型人才。企业需要的是有实用技术、实践经验的员工，而这些技能都可以通过以上学校进行培养。

四、出国留学

高考成绩不高，但是你人生并没有因此而暗淡，国内的大学上不了，不等于国外大学的大门不向你敞开。前面的章节也提到过，国外的大学更加注重综合能力，出国留学也是实现自己人生价值的选择之一。

有人说，高考是一场战役，总会有成功者和失败者。但无论高考这场战役的结果如何，高考结束之后，都意味着中学时代的结束。那个时候，大多数学生18岁，已经到了该褪去稚气的时候。从此以后，人生才刚刚正式起航。从前寒窗苦读的学子，不能将精力和思想只专注于学习。人生之路的大门已经慢慢向你打开，这将带给你更多的人生思考。这个时候，你要向成为一个有社会责任感的成年人转变。

在每年的6月份，一年一度的高考都会画上了句号，但生活仍然在继续。不管结果如何，苦读多年的学子们应该放飞一下自己的心情，调整一下自己的心态。正如哈佛的学子一样，他们总会利用课余和假期进行具有意义的旅行或者活动。参加过高考的同学们，可以利用高考之后的大好时光，做一些有意义的事情。比如：呼朋引伴一起去看几部好电影，或者一个人静下心来读几本好书；背着旅行包踏上旅途，看看祖国的大好河山，顺便拍几组青春记忆的照片；想要体验生活的话，可以出去打打零工，提前体味一下工作与生活的艰辛；或是深入到社会中，做一些社会调查，了解一下自己所没有见识过的大千世界……

高考之后，摆正心态，合理安排生活，树立起新的目标，为自己的大好青春留下一段充实而美好的回忆。天高任鸟飞，海阔凭鱼跃。人生多姿多彩，天地辽阔无边。你会发现，经历高考之后，生活仍旧是这样的美好。

◎哈佛心理评估：热爱生活的小测试

第一步：请拿出一张白纸，在纸上画一条线段，起点代表你的生命的开始，终点则是生命的结束。按照平均寿命，生命的终点为70–75岁。

第二步：在线段上找出自己现在的点。可以是线段的1/2，2/3，1/3，1/5……

第三步：给你一分钟时间，想想从你出生到现在，生活中发生的最重要的事情是什么，对你的生活有什么影响。并把它们写出来。

第四步：在线段的中点点上一点，这就是你的终点——人生的结束时刻。

第五步：再用一分钟的时间，想想在今后的"余生"中还有什么梦想，并写出实现梦想的具体时间。

答案分析

参加这个测试的人，在白纸上从自己的一生开始到求学、工作、结婚、生子进行了一生的规划。他们会想到自己曾经设想过的美好未来，以及没有来得及实现的梦想。比如：30岁之前想要一个孩子，两年内想买辆车，40岁想有自己的小楼房，45岁时想陪孩子上大学，60岁退休前想看到儿女结婚生子有一个幸福的家，60岁退休后想要和老伴周游世界好好享受生活……

测试结束之后，测试人会突然发觉时间不够用，发觉其实自己很热爱生活，在生活中还有很多的梦想等着去努力去实现，生活其实很美好。